# Auslegung von Planetengetrieben im elastischen Verzahnungsumfeld unter Berücksichtigung der Wechselwirkungen des Mehrfacheingriffes

# Design of Planetary Gearboxes in Elastic Gear Surroundings Taking into Account the Interaction of Multiple Meshes

Von der Fakultät für Maschinenwesen
der Rheinisch-Westfälischen Technischen Hochschule Aachen
zur Erlangung des akademischen Grades eines
Doktors der Ingenieurwissenschaften
genehmigte Dissertation

vorgelegt von

Julian Anselm Theling



**Berichter/in:**

Univ.-Prof. Dr.-Ing. Christian Brecher
apl. Prof. Dr.-Ing. Ralf Schelenz

Tag der mündlichen Prüfung: 14. Dezember 2023

ERGEBNISSE AUS DER PRODUKTIONSTECHNIK

**Julian Theling**

# Auslegung von Planetengetrieben im elastischen Verzahnungsumfeld unter Berücksichtigung der Wechselwirkungen des Mehrfacheingriffes

**Herausgeber:**
Prof. Dr.-Ing. T. Bergs
Prof. Dr.-Ing. Dipl.-Wirt. Ing. G. Schuh
Prof. Dr.-Ing. C. Brecher
Prof. Dr.-Ing. R. H. Schmitt

Band 8/2024

WZL | RWTH AACHEN UNIVERSITY

Fraunhofer IPT

**Bibliografische Information der Deutschen Nationalbibliothek**
Die Deutsche Nationalbibliothek verzeichnet diese Publikation in der Deutschen Nationalbibliografie; detaillierte bibliografische Daten sind im Internet über https://portal.dnb.de abrufbar.

Julian Theling:

Auslegung von Planetengetrieben im elastischen Verzahnungsumfeld unter Berücksichtigung der Wechselwirkungen des Mehrfacheingriffes

1. Auflage, 2024

Gedruckt auf holz- und säurefreiem Papier, 100% chlorfrei gebleicht.


Wissenschaftsverlag des Instituts für Industriekommunikation und Fachmedien an der RWTH Aachen
Steinbachstr. 25, 52074 Aachen
Internet: www.apprimus-verlag.de, E-Mail: info@apprimus-verlag.de



Druck: CPI Druckdienstleistungen GmbH, Ferdinand-Jühlke-Straße 7 I 99095 Erfurt

ISBN 978-3-98555-205-4

D 82 (Diss. RWTH Aachen University, 2023)

# Vorwort

Die vorliegende Dissertation entstand während meiner Tätigkeit als wissenschaftlicher Mitarbeiter im Forschungsbereich Getriebetechnik am Lehrstuhl für Werkzeugmaschinen am Werkzeugmaschinenlabor (WZL) der Rheinisch-Westfälischen Technischen Hochschule (RWTH) Aachen.

Mein besonderer Dank gilt Herrn Prof. Dr.-Ing. Christian Brecher für die Ermöglichung und die Förderung meiner Forschungstätigkeiten am WZL sowie die wertvollen Anmerkungen zu dieser Arbeit. Ebenso danken möchte ich Herrn Prof. Dr.-Ing. Ralf Schelenz für die Übernahme des Koreferats und die Durchsicht dieser Arbeit. Herrn Prof. Dr.-Ing. Bernd Markert danke ich für die Übernahme des Vorsitzes im Rahmen meiner Promotionsprüfung.

Wesentliche Bestandteile dieser Dissertation wurden im Rahmen von öffentlich geförderten Projekten der Forschungsvereinigung Antriebstechnik e.V. (FVA) erarbeitet. Besonders bedanken möchte ich mich daher bei den Beteiligten der projektbegleitenden Ausschüsse „Berechnung und Simulation“ und „STIRAK“ für den fachlichen Diskurs und die Unterstützung meiner Forschungstätigkeit.

Ich danke zudem dem Lehrstuhl für Werkzeugmaschinen, der Getriebeabteilung und insbesondere der Gruppe Getriebeakustik, deren Leitung ich für 3 Jahre mit viel Stolz übernehmen durfte. Für das entgegengebrachte Vertrauen und die Unterstützung in meinem persönlichen Entwicklungsprozess bin ich Herrn Dr.-Ing. Jens Brimmers sowie Herrn Dr.-Ing. Christoph Löpenhaus besonders dankbar. Den Diskussionen mit Kolleginnen und Kollegen auch abseits des Arbeitsalltages entstammen viele Ideen, die meine Arbeiten, aber auch mich persönlich geprägt haben. Auch wenn viele dazu einen Beitrag geleistet haben, möchte ich Dr. -Ing. Daniel Piel, Dr. -Ing. Marius Schroers, Dr. -Ing. Mubarik Ahmad, Dr.-Ing. Phillip Scholzen sowie Christian Westphal und Marius Willecke namentlich besonders erwähnen.

Durch das Center for Windpowerdrives (CWD) bekam ich die Möglichkeit zur interdisziplinären Forschung an Windenergieanlagen, was meine Interessen und auch beruflichen Ziele nachhaltig geprägt hat. Besonders hervorheben möchte ich hierbei die Beteiligten des Forschungsvorhabens „FVA Gondel“. Den Fähigkeiten des Projektteams sowie deren Einsatzbereitschaft bei der Durchführung und Vorbereitung der Prüfstandsuntersuchungen verdanke ich die Datenbasis, aus welcher der Forschungsansatz und die Ideen für die hier vorliegende Dissertation entstammen.

Für die Unterstützung bei der Prüfstands -fertigung, -planung, -vermessung und dem Aufbau, danke ich stellvertretend Egon Winkler, Andreas Schumacher, Lothar Emonts, Christian May und Thomas Fischer. Besonderer Dank für die unermüdliche Beantwortung meiner Fragen zur FE-Stirnradkette und deren mathematischen und technischen Zusammenhängen gilt Rainer Stephan.

Durch ihre Arbeit und Engagement haben die studentischen Hilfskräfte und Abschlussarbeiter wesentlich zur Erreichung der Forschungsergebnisse beigetragen. Leon Jakiel, Marian Grom, Maximillian Stary und Maximillian Zweifel danke ich vielmals für die unzähligen Stunden, die im Zusammenhang mit den

Prüfstandsuntersuchungen geleistet wurden. Simon Nohl danke ich zudem für die Fortführung meiner Arbeiten und der Unterstützung bei der Programmierung.

Meiner Familie möchte ich für die Unterstützung während meiner gesamten wissenschaftlichen und privaten Entwicklung danken. Der Fragestellung, wie Dinge funktionieren, durfte ich schon als Kind nachgehen und das Interesse für Wissenschaft und Technik früh aufbauen. Ohne diese Freiheiten in meiner Kindheit und die zusätzliche familiäre Unterstützung während des Studiums wäre mein beruflicher Werdegang so nicht möglich gewesen.

Der größte Dank gilt allerdings Janina. Erst ihr Verständnis und ihr Rückhalt bei langen Tagen am Institut und Wochenenden voller Schreibtischarbeit gaben mir die notwendige Freiheit mich auf die Forschung zu konzentrieren. Ohne die Entschleunigung an arbeitsreichen Tagen, ohne ihre Unterstützung und ohne das Wissen, dass ich mich auf Sie verlassen kann, wäre diese Arbeit so nicht zustande gekommen.

Julian Theling

Bocholt, Dezember 2023

# Titel:

## Auslegung von Planetengetrieben im elastischen Verzahnungsumfeld unter Berücksichtigung der Wechselwirkungen des Mehrfacheingriffes

# Inhaltsverzeichnis

*Content*

# Formelzeichen und Abkürzungsverzeichnis

*Formula Symbols and Abbreviations*

### Lateinische Formelzeichen

| | | |
|---|---|---|
| $A$ | mm | Achsabstand |
| $B$ | mm | Zahnbreite |
| $b_{DM}$ | mm | Breite der Drehmomentenstütze |
| $C$ | N/mm | Steifigkeit |
| $C_a$ | µm | Betrag der Kopfrücknahme |
| $C_\alpha$ | µm | Profilballigkeit |
| $C_\beta$ | µm | Breitenballigkeit |
| $D$ | mm | Teilkreisdurchmesser |
| $d_{Ca}$ | mm | Startdurchmesser der Kopfrücknahme |
| $D_{DM}$ | mm | Außendurchmesser der Hohlradanbindung |
| $d_{DM}$ | mm | Innendurchmesser der Hohlradanbindung |
| $D_{opt}$ | mm | Optimierter Außendurchmesser der Hohlradanbindung |
| $E$ | µm | Exzentrizität |
| $F$ | N | Kraft |
| $f_{Abtast}$ | $s^{-1}$ | Sensorabtasttfrequenz |
| $f_{H\beta}$ | µm | Flankenlinienwinkelabweichung |
| $f_{H\alpha}$ | µm | Profilwinkelabweichung |
| $i$ | - | Übersetzung |
| $I$ | $W/mm^2$ | Schallintensität |
| $K_A$ | - | Anwendungsfaktor |
| $K_{F\beta}$ | - | Breitenlastverteilungsfaktor des Zahnfußes |
| $K_{H\beta}$ | - | Breitenlastverteilungsfaktor der Zahnflanke |
| $K_{H\beta,\gamma}$ | - | Breitenlastverteilungsfaktor der Zahnflanke bezogen auf eine Trägerumdrehung |
| $K_V$ | - | Dynamikfaktor |
| $K_\gamma$ | - | Lastverteilungsfaktor |
| $K_{\gamma,DMS}$ | - | Lastverteilungsfaktor aus der DMS Messung |

| | | |
|---|---|---|
| $K_{\gamma,DMS,MW}$ | - | Mittelwert des Lastverteilungsfaktors aus der DMS Messung über einer Umdrehung |
| $L_A$ | dB | Anregungspegel |
| $L_{A,F}$ | dB | Anwendungskraftpegel |
| $L_{FL}$ | dB | Lagerkraftpegel |
| M | Nm | Drehmoment |
| $m_n$ | mm | Normalmodul |
| $m_{opt}$ | kg | Masse der optimierten Struktur |
| $m_{ref}$ | kg | Masse der Referenzstruktur |
| n | $min^{-1}$ | Drehzahl |
| N | - | Lastspielzahl |
| $O_z$ | - | Ordnung bezogen auf den Zahneingriff |
| p | N/mm² | Schalldruck |
| $p_{et}$ | mm | Stirneingriffsteilung |
| $s_{max,lok}$ | - | Maximale lokale Schädigung des Rades |
| $s_{max,lok,z}$ | - | Maximale lokale Schädigung des betrachteten Zahns |
| $s_r$ | mm | Radkranzstärke |
| Sw | mm | Stützweite der Drehmomentenstütze |
| $\overline{s_z}$ | - | Normierte Schädigung |
| $t_{mess}$ | s | Messdauer |
| v | mm/s | Schallschnelle |
| $Y_{SFT}$ | - | Spannungskonzentrationsfaktor |
| z | - | Zähnezahl |

**Griechische Formelzeichen**

| | | |
|---|---|---|
| $\alpha$ | mm/N | Einflusszahl |
| $\alpha_n$ | ° | Normaleingriffswinkel |
| $\alpha_{wt}$ | ° | Betriebseingriffswinkel |
| $\beta$ | ° | Schrägungswinkel |
| $\Delta$ | mm | Kontaktabstand |
| $\delta_{ii}$ | ° | Stegteilungswinkel zwischen zwei Planeten |
| $\Delta\gamma_P$ | ° | Schränkungswinkel |

| | | |
|---|---|---|
| $\Delta_{Last}$ | N | Lastüberhöhung aus Stegteilungsabweichung |
| $\Delta p_{ZR}$ | - | Phasenverschiebung am Zentralrad |
| $\Delta s$ | mm | Einfederweg |
| $\Delta\varphi$ | µm | Drehfehler |
| $\Delta\varphi_{max}$ | µm | Maximaler Drehfehler |
| $\overline{\Delta\varphi}_{nom}$ | µm | Mittlerer Drehfehler |
| $\Delta\varphi_{\gamma}$ | µm | Drehfehler bezogen auf eine Trägerumdrehung |
| $\Delta\varphi_{P}$ | ° | Neigungswinkel |
| $\zeta$ | | Schallkennimpedanz |
| $\vartheta$ | ° | Trägerdrehwinkel |
| $\sigma_{Hlim}$ | MPa | Ertragbare Flankenpressung |
| $\sigma_{Hmax}$ | MPa | Maximale Flankenpressung |
| $\bar{\sigma}_{Hnom}$ | MPa | Mittlere Flankenpressung |
| $\varphi_{Sensor}$ | | Montageposition des Verlagerungssensors |
| $\tau$ | ° | Stegteilungsfehler |

**Abkürzungen und Indizes**

| | |
|---|---|
| 0 | Standgetriebe |
| A | Beginn der Eingriffsstrecke |
| ax | Axial |
| b | Bezogen auf den Grundkreis |
| BEM | Randelementmethode (boundary element method) |
| C | Wälzpunkt |
| D | Ende des Doppeleingriffsgebietes |
| DAQ | Data acquisition |
| DIN | Deutsches Institut für Normung |
| DMS | Dehn-Mess-Streifen |
| E | Ende der Eingriffsstrecke |
| EVP | Elektrischer Verspannungsprüfstand |
| FE | Finite-Elemente |
| FEM | Finite-Elemente-Methode |

| | |
|---|---|
| FFT | Fast-Fourier-Transformation |
| FVA | Forschungsvereinigung Antriebstechnik |
| GA | Genetischer Algorithmus |
| ges | Gesamtgröße |
| i | Einzelgröße |
| ISO | Internationale Organisation für Normung |
| KFZ | Kraftfahrzeug |
| NFZ | Nutzfahrzeug |
| NTL | Non Torque Load Unit |
| P | Planet |
| PH | Planet-Hohlrad Eingriff |
| PT | Planetenträger |
| r | Radial |
| Si | Sensor an Position i |
| SP | Sonnen-Planet Eingriff |
| t | Tangential |
| TTL | Transistor-Transistor-Logik |
| VDI | Verein Deutscher Ingenieure |
| WZL | Werkzeugmaschinenlabor |
| Z | Zentralrad |

# 1 Einleitung

Einer der wesentlichen Kostentreiber im Maschinenbau ist das eingesetzte Material [COMM13, STAT22]. Zur Kostenreduktion aber auch zur Reduktion des $CO_2$ Ausstoßes bei mobilen Anwendungen wird zunehmend versucht, die Masse der Komponenten zu verringern [SEEL23]. In der Getriebeentwicklung hat sich die Leistungsdichte als Verhältnis von Getriebegewicht zur übertragbaren Leistung als eines der wesentlichen Qualitätskriterien manifestiert. Das Einsparen von Material führt in der Regel aber auch zu geringeren Steifigkeiten der Komponenten. In Kombination mit höheren spezifischen Leistungen und damit einhergehenden höheren Kräften treten höhere Verformungen und Verlagerungen im Getriebe auf. Das Getriebe und dessen Umfeld ist insgesamt elastischer.

Die Bauform des Planetengetriebes weist aufgrund der Leistungsaufteilung auf mehrere Pfade eine höhere Leistungsdichte auf, als ein einfaches Stirnradgetriebe, und wird daher trotz erhöhter Komplexität vermehrt eingesetzt [MÜLL98]. Zur weiteren Erhöhung der Leistungsdichte kann insbesondere Material in den, im Vergleich zum Volumen niedrig beanspruchten Komponenten, wie dem Planetenträger oder dem Gehäuse reduziert werden. Diese werden an vielen Stellen massiver, als aus Sicht der Tragfähigkeit notwendig, ausgelegt, um höhere Steifigkeiten zu erreichen und so Achslageabweichungen der Verzahnungen zu reduzieren, vgl. **Bild 1**.

**Bild 1:** Einfluss hoher Leistungsdichten auf das Verformungsverhalten von Planetengetrieben

*Influence of High Power Densities on the Deformation Behavior of Planetary Gearboxes*

Im Planetenträger ist die vorrangige Verformung die Torsion. Hinzu kommen Verformungen der Trägerwangen, die durch das Kippmoment des Planetenrades verursacht werden. Verformungen der Planetenachse resultieren aus den Zahnkräften. Hierdurch kommt es zu weiteren Achslageabweichungen des Planetenrades und Achsabstandsänderungen, die das Einsatzverhalten des Getriebes beeinflussen [KLOC17].

Aufgrund des großen Durchmessers lässt sich durch eine reduzierte Radkranzstärke des Hohlrades vergleichsweise viel Material einsparen. Resultat dünner Radkränze an Hohlrädern sind geringere Eingriffssteifigkeiten und stärkere Verformungen des

Zahneingriffs [SLAN15]. In Planetengetrieben mit hohen Leistungsdichten ist zudem ein Trend zu einer höheren Anzahl an Planeten erkennbar, sodass die einzelnen Eingriffe örtlich näher beieinanderliegen. Verformungen im Bereich eines Eingriffes können sich so insbesondere in Kombination mit flexiblen Hohlrädern auf die benachbarten Eingriffe auswirken, vgl. Bild 1 Mitte.

Weitere elastische Verformungen können aus dem Getriebeumfeld resultieren. Das Umfeld wirkt sich insbesondere auf die Achslage der Zentralwellen Sonne, Hohlrad und Planetenträger aus [NIEM03]. Achslageabweichungen dieser Elemente führen zu über dem Umfang veränderlichen Kontaktbedingungen und damit lokal unterschiedlichen Beanspruchungen der Zahnflanken und zu zusätzlichen Anregungen des Systems [THEL19, FING20].

Insgesamt kommt es also in Getrieben mit hohen Leistungsdichten zu höheren elastischen Verformungen, die sich auf das Einsatzverhalten auswirken und damit in der Auslegung berücksichtigt werden müssen. Bislang wird das Verformungsverhalten in der Getriebeauslegung über Berechnungsmethoden bestimmt und die vorliegenden Abweichungen im Zahnkontakt über Zahnflankenkorrekturen kompensiert [NIEM03]. Das Verformungsverhalten der Getriebesysteme ist dabei lastabhängig [NIEM03]. Die Getriebe in den meisten Anwendungen werden jedoch über der Lebensdauer in veränderliche Betriebspunkten betrieben, sodass die Korrektur nur für einen bestimmten Lastbereich ideal wirksam ist [ISO19a]. Bei geringeren Steifigkeiten und höheren Verformungen wird dieser Lastbereich kleiner und die Verzahnung weist für einen weiten Lastbereich ein suboptimales Einsatzverhalten auf.

Diese Arbeit soll einen Beitrag zur Leistungsdichtesteigerung von Planetengengetrieben durch die bessere Kenntnis der Auswirkungen elastischer Verformungen auf das Einsatzverhalten in Form von Beanspruchung und Anregung liefern. Hierzu soll die Kenntnis über die auftretenden Verformungen und deren Einfluss auf das Einsatzverhalten verbessert werden. Ferner ist es das Ziel, die so gewonnen Erkenntnisse in Form einer Zahnkontaktanalyse in der Auslegung nutzbar zu machen, sodass die Auswirkungen bewertet und gezielt Gegenmaßnahmen vorgesehen werden können. Als Gegenmaßnahmen eignen sich die Kompensation der Auswirkungen der Verformungen oder die gezielte Reduktion der Verformung an kritischen Stellen, wie Drehmomentstützen oder der Gehäuseanbindung.

# Introduction

One of the main cost drivers in the mechanical engineering sector is the material used [COMM13, STAT22]. In order to reduce costs, but also to reduce $CO_2$ emissions in mobile applications, increasing efforts are being made to reduce the mass of the components [SEEL23]. In transmission development, power density as the ratio of transmission weight to transmissible power has become one of the key quality criteria. However, saving material usually also leads to lower stiffness of the components. In combination with higher specific powers, higher deformations and displacements occur in the gear unit. The gear unit and its surroundings are more elastic overall.

Due to the distribution of power over several paths, the planetary gear design has a higher power density than a simple cylindrical gearstage and is therefore, increasingly used despite its greater complexity [MÜLL98]. To further increase the power density, material can be reduced in particular in the components that are subjected to low stresses compared with the volume, such as the planet carrier or the housing. These are generally designed to achieve higher stiffnesses and thus reduce axial misalignments of the gears. In the planet carrier, the primary deformation is torsion. In addition, there are deformations of the carrier cheeks caused by the tilting moment of the planet gear. Deformations of the planetary gear shaft result from the tooth forces. This results in further axial misalignments of the planetary gear and changes in the center distance, which influence the operational behavior of the gear system [KLOC17].

Due to the large diameter, a comparatively large amount of material can be saved by reducing the rim thickness of the ring gear. The result of thinner rims on ring gears is lower mesh stiffness and greater deformation of the gear mesh [SLAN15]. In planetary gearboxes with high power densities, there is a trend towards a higher number of planets, so that the individual meshes are closer together locally. Deformations in the area of one mesh can thus affect the neighboring meshes, especially in combination with flexible ring gears. Further elastic deformations can result from the gearbox surroundings [NIEM03]. The surroundings affect in particular the axial alignment of the central shafts sun, ring gear and planet carrier. Axial misalignments of these elements lead to variable contact conditions over the circumference and thus to locally different loads on the tooth flanks and to additional excitations of the system [THEL19, FING20].

Overall, gear units with high power densities are subject to higher elastic deformations, which affect the operational behavior and must therefore be considered in the design. This work is intended to increasing the power density of planetary gears by improving knowledge of the effects of elastic deformations on the operational behavior in the form of load and excitation. For this purpose, the knowledge of the occurring deformations and their influence on the operational behavior is to be improved. Furthermore, the aim is to make the findings in the form of a tooth contact analysis usable in the design, so that the effects can be evaluated and targeted countermeasures can be provided. Suitable countermeasures include compensation for the effects of deformation or targeted reduction of deformation at critical points, like torque arms or housing interfaces.

# 2 Stand der Technik in Forschung und Industrie

*State of the Art in Research and Industry*

Zahnradgetriebe lassen sich in die Kategorien Führungsgetriebe und Übertragungsgetriebe untergliedern [KLOC17]. Führungsgetriebe wandeln eine definierte Eingangsbewegung in eine definierte Ausgangsbewegung [KLOC17]. Die Aufgabe von Übertragungsgetrieben besteht in der Wandlung von definierten Eingangsdrehzahlen und -drehmomenten in definierte Ausgangsdrehzahlen und –drehmomente [KLOC17]. Planetengetrieben werden hauptsächlich als Übertragungsgetriebe bei Anwendungen mit hohen Drehmomenten oder hohen geforderten Übersetzungen eingesetzt. Die Leistungsdichte als Verhältnis der eingesetzten Masse zur übertragbaren Leistung eines Getriebes ist aufgrund der Bauform bei Planetengetrieben höher als bei einfachen Stirnradgetrieben [MÜLL98]. Insbesondere bei Anwendungen, bei denen hohe Anforderungen an das Gewicht des Antriebsstranges gestellt werden, eignen sich Planetengetriebe zur Reduktion der Masse und des Volumens [KLOC17].

Planetengetriebe bestehen aus den drei Zentralwellen Sonne, Planetenträger und Hohlrad sowie den im Planetenträger gelagerten Planetenrädern, vgl. **Bild 2**. Die Zentralwellen sind in der Regel die Ein- und Ausgangswellen des Getriebes und sind koaxial angeordnet. Werden alle drei Zentralwellen drehbar gelagert, ist eine Leistungssummierung oder Leistungsteilung möglich und das Planetengetriebe wird im Drei-Wellen-Betrieb betrieben. Alternativ können Planetengetriebe im Zwei-Wellen-Betrieb verwendet werden. Hierbei wird eine Zentralwelle gehäusefest gelagert und die anderen beiden dienen als An- und Abtrieb. [MÜLL98]

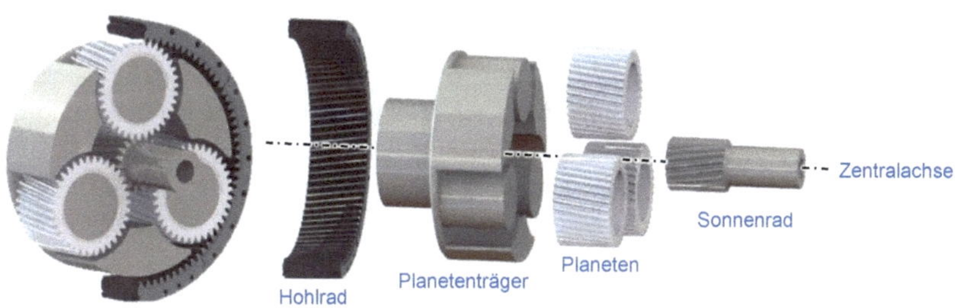


**Bild 2:** Aufbau und Komponenten von Planetengetrieben

*Design and Components of Planetary Gearboxes*

Im Gegensatz zu einfachen Stirnradgetrieben weisen bei einem Planetengetriebe mit mehr als einem Planeten alle Zahnräder mehr als einen Zahneingriff auf. Die Anzahl der Eingriffe an den Zentralrädern Sonne- und Hohlrad entsprechen der Anzahl an Planetenrädern. Die Lage der Eingriffe am Umfang wird über den Stegteilungswinkel des Planetenträgers bestimmt. Das Planetenrad weist je einen Eingriff mit dem Hohlrad und dem Sonnenrad auf. Die Wälzpunkte der beiden Eingriffe am Planetenrad liegen auf der Verbindungsgraden zwischen Planetenachse und Zentralachse und sind um 180° in Planetenumfangsrichtung versetzt. [MÜLL98]

## 2.1 Besonderheiten des Einsatzverhaltens von Planetengetrieben

*Specific Characteristics of the Application Behavior of Planetary Gearboxes*

In der industriellen Praxis werden Planetengetriebe häufig aufgrund ihrer hohen Leistungsdichte eingesetzt [MÜLL98]. Die hohe Leistungsdichte resultiert dabei aus der Bauweise von Planetengetrieben und der damit verbundenen Lastaufteilung auf mehrere Zahneingriffe [MÜLL98]. Das Vorhandensein mehr als eines Eingriffes an einem Zahnrad führt dabei ebenfalls zu grundlegenden Unterschieden im Einsatzverhalten im Vergleich zu konventionellen Stirnradgetrieben. Die zum Verständnis dieser Arbeit notwendigen Zusammenhänge zur Funktion und zum Einsatzverhalten von Planetengetrieben werden daher im folgenden Kapitel erläutert.

### 2.1.1 Drehzahlen und Übersetzungen

*Rotational Speed and Transmission Ratio*

Die Drehrichtungen der einzelnen Elemente sowie die Gesamtübersetzung sind abhängig vom Betriebsmodus des Planetengetriebes. Es kann zwischen dem Zwei-Wellen-Betrieb mit zwei rotierenden Zentralwellen und dem Drei-Wellen-Betrieb unterschieden werden, in welchem alle Zentralwellen rotieren [MÜLL98]. Die Drehzahl der Zentralwellen kann unabhängig vom Betriebsmodus durch die Grundgleichung nach WILLIS berechnet werden, vgl. Formel (2-1) [WILL41].

Wird eine Zentralwelle festgesetzt, ist die Drehzahl des entsprechenden Elementes zu Null zu setzen und die Gleichung kann zur Ermittlung der Gesamtübersetzung des Getriebes umgestellt werden. Die benötigte Standübersetzung $i_{12}$ beschreibt die Übersetzung des Getriebes bei der Ausführung als Standrädergetriebe, also stehendem Planetenträger beim Antrieb über das Sonnenrad und dem Hohlrad als Abtrieb, vgl. Formel (2-2). [WILL41]

$$n_S = n_{PT} \cdot (1 - i_{12}) + n_H \cdot i_{12} \tag{2-1}$$

$$i_{12} = \frac{z_P}{z_S} \cdot \frac{z_H}{z_P} = \frac{z_H}{z_S} \tag{2-2}$$

Die höchsten Gesamtübersetzungen sind durch den Antrieb des Sonnenrades zu erreichen, die Übersetzung erfolgt dabei stets ins Langsame. Beim Antrieb des Planetenträgers kann die höchste Übersetzung ins Schnelle erreicht werden. Je nach Wahl des festgesetzten Elementes wird die Drehrichtung zwischen Ein- und Ausgangswelle umgekehrt. Im Drei-Wellen-Betrieb ist die Drehrichtung von den einzelnen Eingangsdrehzahlen abhängig. [MÜLL98]

### 2.1.2 Kräfte und Momente im Planetengetriebe

*Forces, Torque and Moments in Planetary Gearboxes*

Entsprechend der Gesamtübersetzung des Getriebes wird die Drehzahl und das Drehmoment zwischen Eingangs- und Ausgangswelle gewandelt. Unter Vernachlässigung von Verlusten gilt das Drehmomentengleichgewicht über das Gesamtgetriebe, vgl. Formel (2-3) [KLOC17].

$$M_S + M_{PT} + M_H = 0 \tag{2-3}$$

Wird eine Zentralwelle festgehalten, wird das an diesem Element anliegende Drehmoment als Gehäusedrehmoment abgestützt. Aus Formel (2-3) ergibt sich, dass zwei Zentralwellen gleichgerichtete Drehmomente aufweisen. Das Drehmoment der dritten Zentralwelle ist entgegengerichtet und entspricht im Betrag deren Summe. [MÜLL98]

Das Drehmoment eines Rades ergibt sich aus den tangential am Grundkreis anliegenden Zahnkräften im Stirnschnitt $F_{bt}$, vgl. **Bild 3**. Die Kraftübertragung im Zahneingriff erfolgt bei evolventischen Verzahnungen normal zur Zahnflanke und damit entlang der Eingriffsstrecke. Die tangential anliegende Zahnkraft am Grundkreis $F_{bt}$ kann für jeden Eingriff in eine zum Zahnrad radiale und tangentiale Zahnkraftkomponente zerlegt werden. Bei Schrägverzahnungen resultiert eine zusätzliche axiale Kraftkomponente. [KLOC17]

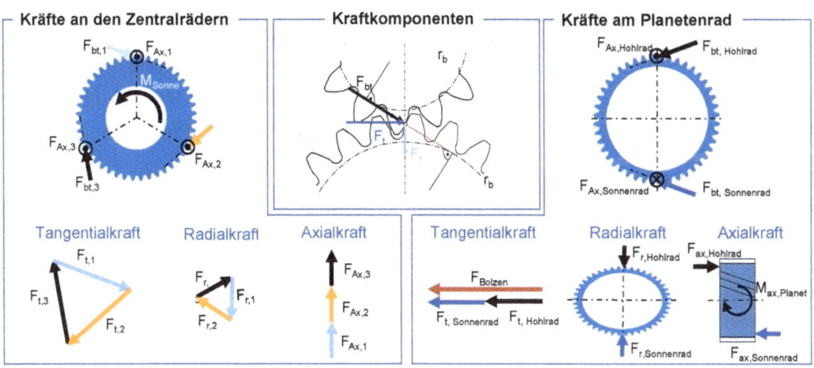


**Bild 3:** Angreifende Kräfte in Abhängigkeit der Komponente nach [KLOC17]

*Active Forces Depending on the Element According to [KLOC17]*

Das an den Zentralrädern anliegende Drehmoment wird auf die Planeteneingriffe aufgeteilt, sodass die spezifische Belastung der Einzeleingriffe geringer ist und sich über dem Umfang mehrere Kraftangriffspunkte befinden. Bei einer idealen Lastaufteilung auf die einzelnen Planeten sind die Kräfte aller Planetenradeingriffe gleich groß. Die Tangentialkräfte an den Zentralrädern zeigen dabei in die gleiche Umfangsrichtung und heben sich bei gleichmäßiger Verteilung der Planeten über dem Umfang auf. Die aus den Tangentialkräften resultierende Belastung ist dementsprechend ein reines

Torsionsmoment. Bei gleichmäßiger Aufteilung der Planeten und idealer Lastaufteilung heben sich die Radialkräfte ebenfalls auf. Da die Kraftvektoren in Richtung des Radmittelpunktes gerichtet sind erzeugen diese kein Dreh- oder Kippmoment. Bei Schrägverzahnungen summieren sich die Axialkräfte an den Zentralrädern auf und müssen entsprechend abgestützt werden. [KLOC17]

Die Belastungssituation am Planetenrad unterscheidet sich von derer an den Zentralrädern. Die Planeten stehen sowohl mit dem Sonnenrad, als auch mit dem Hohlrad in Kontakt. Dabei wechselt die belastete Flankenseite. Da am Planetenrad kein Drehmoment abgenommen wird, gilt, dass bei symmetrischen Verzahnungen mit gleichem Grundkreisdurchmesser für die linke und rechte Flanke die tangentiale Zahnkraft am Grundkreis in beiden Eingriffen identisch ist. Aufgrund nicht zwangsweise identischer Betriebseingriffswinkel im Hohlrad- und Sonnenradeingriff können sich die Normalkräfte und damit auch die Radial- und Axialkräfte im Betrag unterscheiden. [KLOC17]

Aufgrund des Flankenwechsels sind die Axial- und Tangentialkraft im Sonnen- und Hohlradeingriff entgegen gerichtet. Die Tangentialkräfte summieren sich auf und erzeugen so die resultierende Kraft auf den Bolzen und damit dem Planetenträger. Anders als an den Zentralrädern gleichen sich die Axialkräfte am Planeten weitestgehend aus, bedingen jedoch aufgrund der unterschiedlichen Kraftangriffspunkte und Richtungen ein Kippmoment. Die beiden Radialkräfte kompensieren sich gegenseitig. [KLOC17]

Wird der Planet auf dem Bolzen des Planetenträgers gelagert, ist der Radkranz häufig dünnwandig ausgeführt. Die Radialkräfte werden über den Radkranz und die Lagerung kompensiert, können aber zu einer Ovalisierung des Planetenrades und damit einer geänderten Belastung der Planetenradlagerung oder zu Radkranzbrüchen führen [LIEW21, TRAG22].

### 2.1.3 Lastaufteilung

*Load Sharing*

Die Aufteilung des am Zentralrad anliegenden Drehmomentes auf die einzelnen Planetenräder erfolgt in der Regel nicht gleichmäßig [MÜLL98]. Der Anteil des Drehmomentes, der von einem Planetenrad übertragen wird, ist dabei unter anderem abhängig von den vorliegenden Steifigkeitsverhältnissen [HEID12]. Die Zahneingriffe lassen sich in einem vereinfachten Ersatzmodell über Federn mit definierter Steifigkeit abstrahieren [NEUP83]. Das Ersatzschaltbild eines Planetengetriebes im Federmodell ist in **Bild 4** dargestellt.

Das Gesamtfedermodell kann in die Teilmodelle der Zentralräder und der Planetenräder unterteilt werden. Wird ein Zentralrad freigeschnitten, ist zu erkennen, dass die angreifenden Zahnfedern parallel verschaltet sind [HEID12]. Die Zahnfedersteifigkeiten $c_i$ der einzelnen Eingriffe sind nicht zwangsläufig identisch. Grund hierfür können unterschiedliche Positionen auf der Eingriffsstrecke oder Fertigungsabweichungen der Zahnflanken sein [KLOC17]. Aus den Federgleichungen der Mechanik folgt aus dem Vorliegen der Parallelschaltung, dass der Federweg $\Delta s$ aller Zahneingriffe identisch ist und die Aufteilung der Gesamtkraft auf die Einzelfedern in Abhängigkeit der Federsteifigkeiten erfolgt.

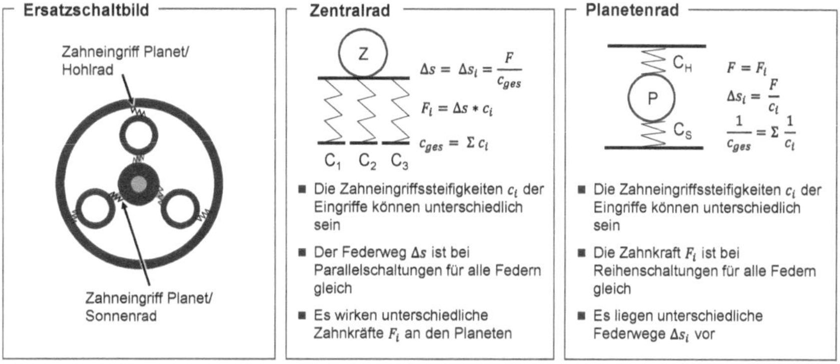


**Bild 4:** Ersatzschaltbild des Planetengetriebes im Federmodell

*Equivalent Diagram of a Planetary Gear Stage in the Spring Model*

Die beiden Zahneingriffe am Planetenrad wirken hingegen als Reihenschaltung von Federn. Hieraus folgt, dass die Federkraft F in beiden Federn identisch ist und sich der Federweg $\Delta s$ in Abhängigkeit der Federsteifigkeit $c_i$ einstellt. [HEID12]

Bei Betrachtung des Ersatzfedermodells wird demnach deutlich, dass variable Eingriffssteifigkeiten am Zentralrad zu einer ungleichmäßigen Lastaufteilung auf die einzelnen Planetenräder führen, während Steifigkeitsunterschiede zwischen dem Hohlrad- und Sonnenradeingriff an einem Planeten keine Auswirkung auf die übertragene Kraft haben. Bezogen auf den Verformungsweg zeigt das Modell, dass aufgrund der gleichen Verformung aller Eingriffe an einem Zentralrad alle Planeten identische Federwege aufweisen müssen.

### 2.1.4 Anregungsverhalten

*Excitation Behavior*

Die Anregung in Getrieben wird im Wesentlichen durch die Laufverzahnung verursacht. Die vorwiegend ursächlichen inneren Mechanismen der Anregung im Zahneingriff lassen sich in die drei Kategorien Weganregung, Parameteranregung und Stoßanregung einteilen:

Evolventische Verzahnungen ermöglichen im lastfreien Betrieb eine theoretisch anregungsfreie Drehübertragung. Aus Fertigungsabweichungen oder Lage- und Montagefehler resultieren *Weganregungen,* die das Drehübertragungsverhalten stören und so zu Anregungen führen. [CARL14]

*Parameteranregungen* resultieren aus veränderlichen Steifigkeiten der Zahneingriffe in Abhängigkeit der Eingriffsstellung und damit veränderlichen Einfederwegen. Haupteinflussgrößen auf die Steifigkeitsschwankung sind die Anzahl der im Eingriff befindlichen Zähne sowie der veränderliche Kraftangriffspunkt auf der Zahnflanke. [SALJ87]

Durch Teilungsabweichungen oder Verformungen der bereits lastübertragenden Zähne, können Eingriffsstörungen hervorgerufen werden, die zu einem vor- oder nachzeitigen Zahnkontakt führen. Die Anregung erfolgt impulsartig und wird daher *Stoßanregung* genannt. [CARL14]

Anregungen im Zahneingriff können neben den drei hauptursächlichen Anregungsmechanismen auch durch die *Reibkraftumkehr*, *Kippmomente* und aus *langwelligen Abweichungen* resultieren [CARL14]. Zu letzteren gehören insbesondere Fertigungs- und Montageabweichungen, die beispielsweise zu Rundlauf- oder Taumelabweichungen führen [BREC17b].

Die im Zahneingriff entstehende Anregung wird anschließend in Form von Festkörperschwingungen über die Wellen, Lager und das Gehäuse geleitet und an den Oberflächen als sekundärer Luftschall abgestrahlt. Während Dehn- und Biegeschwingungen durch die Lagerung abgestützt und in die direkte Umgebung eingeleitet werden, werden insbesondere Torsionsschwingungen über die Ein- und Ausgangswellen des Getriebes an die weiteren Triebstrangkomponenten übertragen und führen so zu Anregungen des Systems [MÜLL91].

Zur Beschreibung der Anregung im Zahneingriff werden in der Literatur unterschiedliche Größen herangezogen. Die vorwiegenden Beschreibungsgrößen der Anregung in Zahnradgetrieben sind der *Drehfehler*, die *Kraftanregung* sowie die *Momentenanregung*.

Der *Drehfehler* beschreibt die Drehungleichförmigkeit zwischen Antrieb und Abtrieb und entspricht der Torsionsschwingung des Getriebes [KLOC17]. Im idealen evolventischen Zahnkontakt erfolgt die Drehübertragung abweichungsfrei und Antriebs- sowie Abtriebsdrehzahl weisen ein durch die Übersetzung definiertes konstantes Drehzahlverhältnis zueinander auf [KLOC17]. In der Realität schwankt die Übersetzung um dieses konstante Verhältnis aufgrund von Abweichungen und es tritt ein Drehübertragungsfehler respektive Drehfehler auf [KLOC17]. Messtechnisch kann der Drehfehler über Drehwinkelmesssysteme bestimmt werden, die an der Eingangs- und Ausgangswelle angebracht sind [KLOC17]. In Planetengetrieben kann der Drehfehler im Gesamtsystem sowie in den Einzelkontakten Sonne-Planet und Planet Hohlrad bestimmt werden [PIEL20].

PIEL führte Messungen an einer Planetengetriebemesszelle durch und zeigt, dass der Gesamtdrehfehler zwischen An- und Abtrieb besser mit dem Körperschall korreliert als die Drehfehler der Einzeleingriffe. Er begründet diesen Zusammenhang mit dem Einfluss der Phasenverschiebung am Planetenrad und dadurch auftretenden Auslöschungs- sowie Verstärkungseffekten der Einzeldrehfehler. [PIEL20]

Der Drehfehler beschreibt allein die Torsionsschwingung des Systems. Bei idealer reibungsfreier Lagerung führt eine Torsionsschwingung zu keiner Anregung der Gehäuse oder Lagerstruktur, da dort keine Kräfte eingeleitet werden. MÜLLER entwickelte daher die *Lagerkraftanregung* als weiteren Kennwert und begründet die bessere Beschreibung des Anregungsverhaltens durch diesen Wert auf Basis der Schallintensität. [MÜLL91]

Die Schallintensität I beschreibt die Schallleistung die pro Flächeneinheit durch eine durchschallte Fläche tritt und ist so ein Maß der Schallabstrahlung eines Körpers. Die Schallintensität ist dabei das Produkt aus dem Schalldruck p und der Schallschnelle v, vgl. Formel (2-4). [MÜLL91]

$$I = p \cdot v \tag{2-4}$$

Schalldruck und Schallschnelle sind dabei nicht unabhängig voneinander, sondern werden über die Schallkennimpedanz $\zeta$ in Beziehung gesetzt, vgl. Formel (2-5) [MÜLL91].

$$v = \frac{p}{\zeta} \tag{2-5}$$

Mit der physikalischen Beschreibung des Druckes als Kraft pro Fläche und einsetzen von Formel (2-5) in Fomel (2-4) gilt [MÜLL91]:

$$I = \frac{F^2}{A^2 \cdot \zeta} \tag{2-6}$$

Die Schallintensität ist damit nicht abhängig vom Verformungsweg, sondern von der ursächlichen Kraft. Der Drehfehler ist daher mit der mittleren Verzahnungssteifigkeit zu multiplizieren und anschließend zu quadrieren, um eine Proportionalität zwischen Drehfehler und Schallleistung zu erhalten. Die Kraftanregung beschreibt direkt den zeitlichen Verlauf der Zahnkraft und wird daher von MÜLLER zum besseren Vergleich des Anregungsverhaltens von Verzahnungen mit unterschiedlicher mittlerer Steifigkeit eingeführt.[MÜLL91]

Mithilfe des Anregungspegels $L_A$ führte MÜLLER eine Größe zur Bewertung der Körperschallanregung einer Verzahnung auf Grundlage der Kraftanregung ein [MÜLL91]. SATTELBERGER erweiterte den Ansatz von MÜLLER für eine Räderkette und damit auf Zahnräder mit mehr als einem Eingriff [SATT97]. Er entwickelte den *Lagerkraftpegel* $L_{FL}$, für den die Kraftanregungen der einzelnen Eingriffe an einem Rad vektoriell addiert und die Lagerkraftkomponenten bestimmt werden [SATT97]. GEISER führte die *Momentenanregung* als Schwankung des an einem Rad angreifenden Drehmomentes ein, wodurch sich ergänzend zur Lagerkraftanregung und analog zum Drehfehler die rotatorische Anregung beschreiben lässt [GEIS02].

HEIDER übertrug den Ansatz der Kraftanregung auf Planetengetriebe. Er stellte fest, dass bei Stirnradstufen mit nur einem Eingriff Lagerkraftanregung und Drehmomentenanregung proportional sind, bei Planetengetrieben dieser Zusammenhang jedoch nicht mehr vorliegt. Grund hierfür ist die ungleichmäßige Lastverteilung. Er kam zu dem Schluss, dass sowohl die Lagerkraftanregung als auch die rotatorische Anregung in Form von Momentenanregung oder Drehfehler in Planetengetrieben betrachtet werden müssen. Er führte den *Anwendungskraftpegel* $L_{A,F}$ ein, in dem Systeminformationen mit in die Bildung des Kennwertes einbezogen und kritische Frequenzen stärker gewichtet werden als andere. [HEID12]

Sowohl der Drehfehler als auch die Kraftanregung eignen sich zur Beschreibung des Anregungsverhaltens von Stirnradverzahnungen mit einem Eingriff und lassen sich über Steifigkeiten und geometrische Größen ineinander umrechnen [HEID12]. Der Drehfehler ist aufgrund der direkten Abbildung von Zahnflankenkorrekturen besser zur Korrekturauslegung geeignet, während die Kraftanregung einen besseren Vergleich der Schallintensität unterschiedlicher Makrogeometrien ermöglicht [MÜLL91, HEID12]. In Planetengetrieben ist aufgrund des räumlichen Mehrfacheingriffes eine analoge Verwendung nicht mehr möglich, da Kraftanregung und Drehfehler bzw. Momentenanregung keine festen Beziehungen zueinander aufweisen [HEID12]. Zudem korreliert der Gesamtdrehfehler zwischen An- und Abtrieb besser mit der Körperschallanregung als der Drehfehler der Einzeleingriffe [PIEL20].

## 2.2 Einflüsse auf das Einsatzverhalten von Planetengetrieben

*Influences on the Application Behavior of Planetary Gearboxes*

Planetengetriebe weisen konstruktive Freiheitsgrade auf mit denen das Einsatzverhalten beeinflusst werden kann. Hierzu zählen unter anderem:

- Die Anzahl an Planetenrädern und damit der Leistungspfade, auf die die Eingangsleistung aufgeteilt wird
- Die Phasenlage der Eingriffe, die aus der Verteilung der Planeten auf dem Planetenträger sowie aus der Geometrie der Verzahnungen resultiert
- Die Radkranzstärke, insbesondere der Hohlradverzahnung
- Die Gestaltung des Verzahnungsumfeldes in Form der Lagerung und Anbindung einzelner Komponenten

Im folgenden Abschnitt wird der Stand der Technik zu den Auswirkungen unterschiedlicher Gestaltungen dieser Punkte auf das Einsatzverhalten erörtert.

### 2.2.1 Planetenradanzahl

*Number of Planets*

Die am Planetengetriebe anliegende Eingangsleistung wird auf die einzelnen Planeten und damit Leistungspfade aufgeteilt. Daraus folgt, dass bei einer Steigerung der Planetenradanzahl die spezifische Leistung, die von einem Planetenrad übertragen wird und damit auch die Beanspruchung des einzelnen Zahnkontaktes, sinkt. [ISO19c]

Ein einzelnes Zahnrad weist sechs Freiheitsgrade in Form von Translation und Rotation in jede Raumrichtung auf. Durch die Aufnahme des Zahnrades auf einer Welle und deren starrer Lagerung werden alle Freiheitsgrade bis auf die Rotation um die

Drehachse unterbunden. Durch den Einbau bereits eines Planeten in ein Planetengetriebe wird die Lage aller Räder voll definiert und das Getriebe ist statisch bestimmt. [MÜLL98]

Der Einbau weiterer Planeten führt zu einer mehrfachen statischen Überbestimmtheit des Systems [MÜLL98]. Durch Fertigungs- und Montageabweichungen oder lastbedingte Verlagerungen können einzelne Zahneingriffe Kontaktabstände aufweisen oder sich theoretisch durchdringen [KLOC17]. Hervorstehende Zahneingriffe nehmen zunächst die gesamte Last auf, bis die Verformung des Gesamtsystems so groß ist, dass weitere Eingriffe in den Kontakt kommen [KLOC17]. In dem entsprechenden Leistungspfad liegt damit eine statische Lastüberhöhung vor, die in dem Lastaufteilungsfaktor $K_\gamma$ in der ISO 6336 berücksichtigt wird und mit in die Tragfähigkeitsberechnung einfließt [ISO19c]. Die ISO 6336 empfiehlt die Messung der Lastaufteilung am realen System oder die Verwendung von Literaturwerten [ISO19c].

Literaturwerte sind unter anderem bei NEUBAUER zu finden. Er untersuchte den Einfluss der Planetenradanzahl auf die Lastaufteilung im Planetengetriebe bei vorliegendem Stegteilungsfehler. Hierzu verwendete er mittlere Verzahnungssteifigkeiten. Er stellte fest, dass mit zunehmender Anzahl an Planeten der Lastaufteilungsfaktor $K_\gamma$ über den gesamten Betriebsbereich steigt. Durch die Reduktion von Planetenlager- und Planetenträgersteifigkeiten kann die Lastüberhöhung gesenkt werden. [NEUB16]

BAUMANN untersuchte zusätzlich zum Einfluss der Anzahl an Planeten den Einfluss der Verzahnungsqualitäten und zeigt, dass sowohl durch eine höhere Planetenradanzahl als auch eine geringere Verzahnungsqualität der Lastaufteilungsfaktor ansteigt [BAUM13]. Weitere Ergebnisse mit analoger Schlussfolgerung zur Bewertung der Anzahl der Planetenräder auf die Lastaufteilung finden sich bei WINKELMANN und KAHRAMAN ET AL. [WINK87, KAHR10].

Die Anzahl der verbauten Planetenräder beeinflusst neben der Belastung der einzelnen Zahneingriffe auch die Torsionssteifigkeit des Planetengetriebes. Je nach Phasenlage und Überdeckung der Eingriffe ändert sich die Gesamttorsionssteifigkeit über das Abwälzen einer Teilung in einem Planetengetriebe [PIEL20]. PAPIES verglich Planetengetriebe mit unterschiedlicher Planetenradanzahl hinsichtlich des Anregungsverhaltens [PAPI14]. In den Ergebnissen ist ersichtlich, dass die Eingriffsfolge und die Phasenlage einen größeren Einfluss auf die Anregung hat, als die Anzahl an Planeten [PAPI14].

PIEL verglich in seiner Arbeit den gemessenen Drehfehlerverlauf einer Räderkette bestehend aus Sonnenrad-Planet-Hohlrad und einem Planetengetriebe mit drei Planeten. Er stellte deutliche Unterschiede in der Anregungscharakteristik heraus, kann jedoch nicht abschließend klären, ob diese aus dem Mehrfacheingriff oder dem unterschiedlichen Verlagerungsverhalten resultieren. [PIEL20]

### 2.2.2 Phasenlage

*Phase Position*

Einen wesentlichen Einfluss auf das Einsatzverhalten von Planetengetrieben hat die Phasenlage der einzelnen Eingriffe [PAPI14]. Die Phasenverschiebung als Differenz zweier Phasenlagen beschreibt den Versatz zweier Eingriffe zueinander auf der Eingriffsstrecke [PIEL20]. Beim Vorliegen einer Phasenverschiebung befinden sich die Eingriffe demnach in unterschiedlichen Eingriffsstellungen [PIEL20]. Sowohl die wirkende Flankenkorrektur als auch die Eingriffssteifigkeit sind abhängig von der Eingriffsstellung, wodurch das Anregungs- sowie Lastaufteilungsverhalten des Getriebes beeinflusst wird [PIEL20].

Es ist zwischen der Phasenlage der Planeten an einem Zentralrad und den Phasenlagen des Sonnen- und Hohlradeingriffes an einem Planeten zu unterscheiden, vgl. **Bild 5** [KÜÇÜ87]. Die Phasenverschiebung zwischen zwei Planeteneingriffen an einem Zentralrad ist dabei von der Zähnezahl des Zentralrades und der Anordnung der Planeten über dem Umfang abhängig, vgl. Formel (2-7) [KÜÇÜ87]. [PIEL20]

$$\Delta p_{ZR,i} = (\delta_{ii}\, mod \frac{2\pi}{z_{ZR}}) \qquad \textbf{(2-7)}$$

Bei der Bestimmung der Phasenverschiebung zwischen den beiden Eingriffen eines Planeten muss der Wechsel der belasteten Flankenseite berücksichtigt werden. Zur Berechnung existieren unterschiedliche Ansätze [KÜÇÜ87, PAPI14, PIEL20].

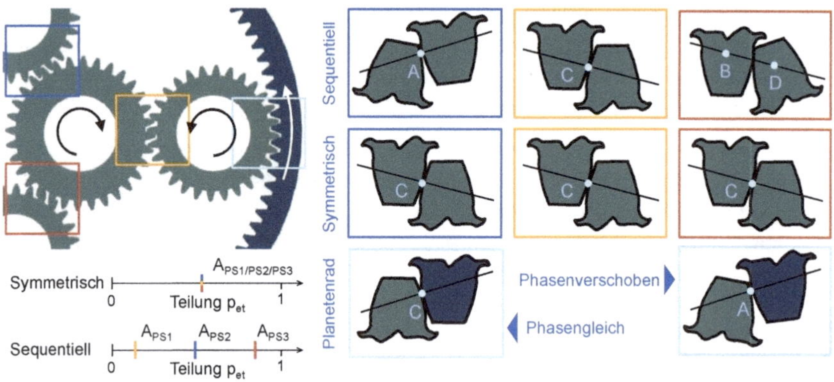


**Bild 5:** Phasenverschiebung in Planetengetrieben

*Phase Shift in Planetary Gearboxes*

Insbesondere der Einfluss unterschiedlicher Eingriffsfolgen an den Zentralräder war in der Vergangenheit Bestandteil einer Vielzahl von Untersuchungen [RÜSC04, INAL09, PAPI14, NEUB16]. Die am häufigsten auftretenden Eingriffsfolgen sind die symmetrische Eingriffsfolge, bei der alle Eingriffe an einem Zentralrad gleich positioniert sind, sowie die sequentielle Eingriffsfolge, bei der alle Eingriffe einen gleichmäßigen Versatz zueinander aufweisen, vgl. Bild 5 [RÜSC04]. Aus einer symmetrischen Eingriffsfolge resultiert theoretisch eine bessere Lastaufteilung, da in allen Leistungspfaden zu jedem Zeitpunkt die gleiche Steifigkeit vorherrscht [PAPI14]. Die Steifigkeitsschwankung der Gesamteingriffssteifigkeit ist jedoch höher, sodass der Drehfehler zunimmt vgl. Bild 4. Eine sequentielle Eingriffsfolge zeigt das entgegengesetzte Verhalten [PAPI14]. Durch den Versatz der Eingriffe ist die Schwankung der Gesamteingriffssteifigkeit und damit die rotatorische Anregung geringer [PAPI14]. Da sich in diesem Fall die gleichzeitig wirkenden Eingriffssteifigkeiten der Planeteneingriffe an einem Zentralrad unterscheiden liegt eine schlechtere Lastaufteilung vor [PAPI14]. Weitere Eingriffsfolgen in Abhängigkeit der Planetenradanzahl beschreibt RÜSCHOFF [RÜSC04].

PAPIES untersuchte rechnerisch den Einfluss unterschiedlicher Zahneingriffsfolgen am Zentralrad und identifiziert den zeitlich veränderlichen Steifigkeitsverlauf aus der Überlagerung der Einzelsteifigkeiten als wesentlichen Einfluss auf die Lastverteilung und das Verlagerungsverhalten. Für die Phasenlage am Planetenrad schlägt sie vor, diese so auszulegen, dass Einzel- und Doppeleingriffsgebiet im Hohlrad und Sonnenradeingriff gegensinnig auftreten. [PAPI14]

NEUBAUER untersuchte ebenfalls den Einfluss der Phasenlage am Zentral- und Planetenrad. Er konnte den von PAPIES vermuteten positiven Einfluss der gegensinnigen Auslegung der Einzel- und Doppeleingriffsgebiete der beiden Planetenradeingriffe nur für Geradverzahnungen bestätigen. Aufgrund der geänderten Schwingungsform des Drehfehlers im Hohlrad und Sonnenradeingriff bei Schrägverzahnungen gleichen sich die Verläufe nicht aus. Auch er bestätigte den Einfluss der Phasenlage auf den Steifigkeitsverlauf und damit der Anregung des Systems. Durch die gezielte Verwendung von Profilkorrekturen in Abhängigkeit der Phasenverschiebung kann der Gesamtdrehfehlerverlauf für einen Lastpunkt deutlich reduziert werden. [NEUB16]

PIEL beschreibt ein Verfahren zur Berechnung der Phasenverschiebung am Planetenrad in Abhängigkeit der Betriebsmodi eines Planetengetriebes. Er kam zu dem Schluss, dass die Phasenlage des Planetenrades dabei einen wesentlichen Einfluss auf den Drehfehlerverlauf und das Anregungsverhalten von Planetengetrieben hat. [PIEL20]

### 2.2.3 Radkranzstärken

*Rim Thickness*

Die Radkranzstärke $s_r$ wird als Vielfaches des Verzahnungsnormalmoduls angegeben und beschreibt den Abstand vom Zahnfuß bis zur Nabe eines Rades [SLAN15]. Bei Innenverzahnungen wir der Abstand vom Zahnfuß zum Außendurchmesser herangezogen [SLAN15]. Die VDI Richtlinie 2737 untergliedert für Innenverzahnungen elastische und ideal steif wirkende Radkränze [VDI05].

Dabei unterscheiden sich die auftretenden Schadensarten. Während Verzahnungen mit steifen Radkränzen durch Zahnfußbruch ausfallen, ist der Schadensmechanismus bei elastischen Radkränzen aufgrund von überlagerten Spannungen aus der Radkranzverformung der Radkranzdauerbruch. Die Grenze wird in Abhängigkeit der Zähnezahl und dem Verhältnis der Radkranzstärke zum Teilkreisdurchmesser berechnet, siehe Formel (2-8). Die Berücksichtigung elastischer Radkränze in der Auslegung erfolgt über den Spannungskonzentrationsfaktor $Y_{SFt}$. Die untere Grenze der Radkranzdicke wird in der VDI 2737 mit $s_r = 1{,}5 \cdot m_n$ angegeben. [VDI05]

$$\frac{d}{s_r} = -0{,}000033 \cdot z^2 + 0{,}1833 \cdot |z| + 1{,}6667 \qquad \text{(2-8)}$$

SLANSKY stellt heraus, dass bei der in der VDI 2737 vorgeschlagenen Berechnungsmethode zur Ermittlung der Tragfähigkeit, die Berücksichtigung der konstruktiv notwendigen Anschlussstruktur des Hohlrades nicht erfolgt [VDI05, SLAN15]. Diese hat einen zusätzlich versteifenden Einfluss, sodass Auslegungen zur sicheren Seite hin erfolgen und Potenzial zur Steigerung der Leistungsdichte nicht genutzt werden kann [SLAN15]. In der VDI Richtlinie 2737 wird eine zusätzliche Ermittlung des Einflusses über höherwertige Rechenmethoden wie FEM oder BEM Analysen empfohlen [VDI05].

SLANSKY führte eigene Untersuchungen zur Schadensermittlung an Innenverzahnungen mit elastischen Radkränzen und unterschiedlichen Anschlussgeometrien durch. Er konnte insbesondere bei Innenverzahnungen mit elastischem Radkranz einen Zugewinn der lastbedingten Überdeckung und damit eine Reduktion der Spannungen im Vergleich zu steiferen Ausführungen feststellen. Er begründet dies durch die einerseits große Verformung der Zähne aufgrund der hohen Elastizität und andererseits durch einen großen Einfluss bereits kleiner Abweichungen auf die Länge der Eingriffsstrecke durch den konvex-konkaven Eingriff. [SLAN15]

KAHRAMAN ET AL. untersuchten den Einfluss unterschiedlicher Hohlradkranzdicken auf die auftretenden Spannungen in Radkranz und Zahnfuß bei variabler Planetenradanzahl und verschiedenen Stegteilungsfehlern. Die Messung der Spannungen erfolgte mit Hilfe von Dehn-Mess-Streifen (DMS) und die Ergebnisse konnten simulativ reproduziert werden. Sie kommen zu dem Ergebnis, dass die auftretenden Spannungen und Verformungen im Radkranz mit sinkender Radkranzstärke zunehmen. Die geringsten Werte der Zahnfußspannung werden bei dem Radkranz mit der mittleren Radkranzstärke von $s_r = 2{,}38 \cdot m_n$ gemessen. Sie stellten zudem fest, dass die Verlagerung des Hohlrades mit steigender Planetenradanzahl sinkt. Durch die Untersuchung von zusätzlich aufgeprägten Stegteilungsfehlern können sie zeigen, dass eine geringere Radkranzstärke die Lastaufteilung verbessert, der positive Effekt aber bei steigender Planetenradanzahl abnimmt. [KAHR10]

Weitere Arbeiten befassen sich hauptsächlich mit dem Einfluss der Radkranzstärke auf die auftretenden Spannungen im Zahnfuß und dem Radkranz von Innenverzahnungen sowie der resultierenden Verformung [KARP05, SING08, KARP14, KARP15]. Untersuchungen hinsichtlich des Einflusses der Radkranzstärke auf das Anregungsverhalten sowie dem Einfluss weiterer Achslageabweichungen sind bislang nicht Stand der Technik.

### 2.2.4 Verzahnungsumfeld

*Surrounding Elements*

Das Einsatzverhalten von Verzahnungen wird maßgeblich durch die Positionierungen der Zahnräder und dem sich dadurch einstellenden Kontakt der Zahnflanken bestimmt [WITT94]. Die Positionierung der Verzahnungen wird durch das Verzahnungsumfeld in Form von Wellen, Lagern und dem Gehäuse vorgegeben [NIEM03]. Aufgrund von Fertigungsabweichungen der positionsbestimmenden Komponenten sowie lastbedingten Verformungen im Betrieb kann der Zahnkontakt von der idealen Position abweichen [NIEM03]. Der Einfluss der Verlagerungen der Zahnräder lässt sich durch Flankenkorrekturen reduzieren [NIEM03]. Zur Auslegung der Korrekturen muss das Verformungs- und Verlagerungsverhalten der einzelnen Komponenten sowie die Auswirkung auf den Zahnkontakt im Gesamtsystem bekannt sein [NIEM03]. Einen Überblick über die resultierenden Einflüsse aus dem Umfeld in Abhängigkeit der Komponente zeigt **Bild 6**.

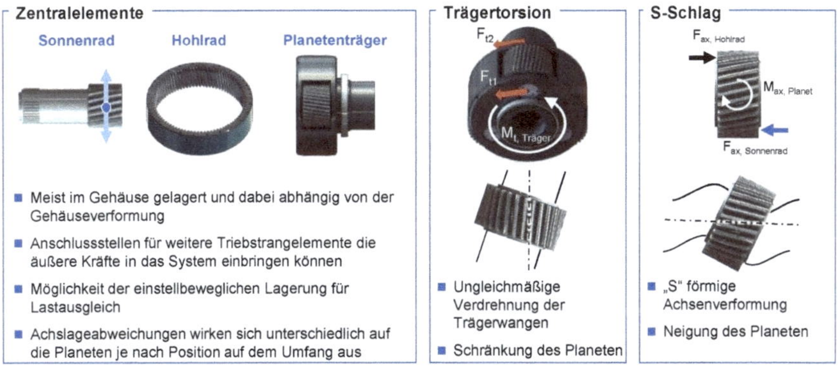


**Bild 6:** Aus dem Umfeld resultierende Verlagerungen von Planetengetrieben

*Misalignments of Planetary Gearboxes Caused by Surrounding Elements*

Zentralelemente wie das Sonnen- und Hohlrad sowie der Planetenträger werden in der Regel zumindest indirekt über weitere Komponenten im Getriebegehäuse gelagert. Eine Verformung der Lagerstellen oder des Gesamtgehäuses wirkt sich daher auf die Achslage der Elemente aus. Insbesondere die Positionierung und Verformung des Hohlrades, welches häufig fest mit dem Gehäuse verbunden ist, werden stark durch dieses beeinflusst [SFAR11]. Da die Zentralelemente in der Regel die Schnittstellen zur Umgebung des Gehäuses darstellen, wirken sich Schnittlasten und Verformungen der Anschlusskomponenten zusätzlich auf die Position aus. Zur Verbesserung der Lastaufteilung werden Zentralelemente zudem häufig einstellbeweglich gelagert. Dies kann durch Kupplungen oder einseitige Einspannungen erfolgen, die zusätzliche Freiheitsgrade freigeben und so zu gewollten Achslageabweichungen führen [MÜLL98].

Eine Achslageabweichung des Zentralelementes wirkt sich dabei immer auf alle Zahneingriffe dieses Elementes aus. Dabei ist der Einfluss auf den Zahnkontakt abhängig von der Position des Eingriffes auf dem Radumfang. Hierdurch können über dem Umfang veränderliche Effekte wie Tragbildwandern, eine zeitlich variable Lastaufteilung und langwellige Anregungen resultieren [SFAR11, THEL19, FING20].

Zusätzlich zur möglichen Verlagerung des Planetenträgers wird dieser durch die einseitige Drehmomenteinleitung tordiert. Die Trägertorsion als Verdrehung der beiden Stegwangen zueinander wirkt sich dabei direkt auf die Lage des Planetenrades aus. Die Drehachse des Planeten wird dabei in Rotationsrichtung verlagert, so dass die Planeteneingriffe eine Schränkung aufweisen, die beispielsweise nach dem Verfahren von WITTKE in eine Flankenlinienwinkelabweichung umgerechnet werden kann [WITT94].

Zusätzlich tritt bei schrägverzahnten Planetengetrieben der sogenannte „S-Schlag" auf. Dieser resultiert aus dem Ausgleich der Axialkräfte im Sonnen- und Hohlradeingriff eines Planeten. Die Axialkräfte sind entgegengesetzt gerichtet und gleich groß, bedingen aber aufgrund des unterschiedlichen Kraftangriffspunktes ein Kippmoment. Dieses führt zu einer S-förmigen Verformung der Planetenradachse. Diese Verformung bedingt eine Neigung der Planetenradeingriffe und ist maßgeblich vom Widerstandsmoment der Achse abhängig. [KLOC17]

Planetengetriebe reagieren sensitiver auf Verlagerungen als Getriebe ohne Mehrfacheingriff, da neben dem einzelnen Zahnkontakt auch die Lastaufteilung auf die einzelnen Leistungspfade beeinflusst werden kann. Der Einfluss des Getriebegehäuses auf die Lastverteilung im Zahneingriff von Planetengetrieben wird unter anderem von SFAR untersucht. Er entwickelte eine Schnittstelle zur Vorgabe von extern vorberechneten Knotenpunktverlagerungen in der Zahnkontaktanalyse. Achslageabweichungen der einzelnen Getriebeglieder werden in Form von über dem Umfang veränderlichen Flankenlinienwinkelabweichungen berücksichtigt. Er stellte in Simulation und Versuch fest, dass die Breitenlastverteilung der Eingriffe aufgrund der Achslageabweichungen abhängig von der Getriebeposition und damit über dem Umfang veränderlich ist. Am Beispiel eines Windkraftgetriebes zeigte er, dass die Gehäuseverlagerung einen Einfluss auf die Lastüberhöhungsfaktoren $K_v \cdot K_\gamma$ aufweist. Zudem stellte er fest, dass der Einfluss der Gehäuseverlagerung auf die Breitenlastverteilung im Sonnenradeingriff aufgrund der einstellbeweglichen Sonne niedriger ist als im Hohlradeingriff. [SFAR11]

NEUBAUER beschreibt eine Methode zur Berücksichtigung des elastischen Umfeldes bei der Zahnkontaktanalyse von Planetengetrieben. Er reduziert die Steifigkeitsinformationen der Strukturkomponente auf wenige Masterknoten, die als Anbindung des Welle Lagersystems an die Umgebung dienen. Die Steifigkeitsinformationen werden über eine vorgelagerte FE-Berechnung ermittelt und beinhalten ebenfalls Wechselwirkungen zwischen den einzelnen Masterknoten, sodass Kreuzeinflüsse abbildbar sind. Er wendete die Methode auf den Planetenträger an, das Getriebegehäuse wird in seinen Betrachtungen weich gelagert, ist jedoch selbst starr modelliert. Die Verformungsanalyse des Gesamtsystems erfolgt in einem linear-elastischen Ersatzmodell mit gemittelter Zahnpaarsteifigkeit, die Analyse der Drehwegabweichung unter Berücksichtigung nichtlinearer Steifigkeiten im Zahnkontakt. Er stellte fest, dass Umgebungssteifigkeiten im Vergleich zu einer festen Kopplung einen positiven Einfluss auf die Lastverteilung bei Fertigungsabweichungen haben. NEUBAUER zeigt, dass durch ein abgestimmtes Verformungsverhalten von Sonnenradtorsion zur Verformung der Baugruppe Planetenbolzen, Planetenradlager und Planetenträger der Korrekturbedarf auf den Zahnflanken gesenkt werden kann. Er sieht den Vorteil, dass die abgestimmte elastische Verformung im Vergleich zur Korrektur über den gesamten Lastbereich wirkt. [NEUB16]

### 2.2.5 Modulationseffekte aufgrund von Verlagerungen

*Modulation Effects Caused by Misalignments*

INALPOLAT untersuchte Modulationseffekte im Anregungsverhalten von Planetengetrieben. Hierzu maß er den Körperschall am fest eingespannten Hohlrad und analysierte die angeregten Frequenzen verschiedener Planetengetriebe. In seinen Untersuchungen treten eine Vielzahl von Seitenbändern im Abstand ganzzahlgier und nichtganzzahliger Ordnungen von der Eingriffsfrequenz auf. Er stellte fest, dass die Körperschallanregung verstärkt auftritt, wenn sich ein Planetenrad in der Nähe des Sensors befindet. Bei einer Trägerumdrehung tritt diese Verstärkung entsprechend der Anzahl an Planeten auf. Hierdurch entwickeln sich bei einer symmetrischen Eingriffsfolge Seitenbänder im Abstand der Trägerdrehordnung multipliziert mit der Planetenradanzahl zur Zahneingriffsfrequenz. Zusätzliche Seitenbänder werden durch Rundlauffehler der einzelnen Verzahnungen verursacht. [INAL09]

Mit einem analytischen Ersatzmodell analysierte er die Auswirkungen von unterschiedlichen Planetenradanordnungen auf die Anregung an der Sensorposition [INAL09]. Er beschrieb in seinem Modell den Einfluss der einzelnen Zahneingriffe als periodische Kraftverläufe mit einer Frequenz entsprechend der Zahneingriffsfrequenz [INAL09]. Er nahm hierbei zunächst an, dass nur der Planet, der dem statisch verbauten Körperschallsensor am nächsten ist, eine Anregung verursacht [INAL09]. Die Amplitude der Anregung dieses Planeten wird je nach Trägerposition verstärkt, sodass sich ein amplitudenmoduliertes Gesamtsignal ergibt [INAL09]. Er führte eine ausgiebige Parameterstudie durch und identifizierte fünf Getriebetypen mit unterschiedlichen Einflüssen auf die Seitenbandcharakteristik [INAL09]:

Typ (i): Gleichmäßig verteilte Planeten mit symmetrischer Eingriffsfolge

Die Zahneingriffsordnung $1.O_Z$ wird am stärksten angeregt und es treten zwei symmetrische Seitenbänder im Abstand der Planetenradanzahl $N$ bei $1.O_Z \pm N$ zur Zahneingriffsordnung auf. Die Amplitude der Seitenbänder entspricht der halben Amplitude der Zahneingriffsordnung. [INAL09]

Typ (ii): Gleichmäßig verteilte Planeten mit sequentieller Eingriffsfolge

Es liegt nahezu keine Anregung in der $1.O_Z$ vor. Stattdessen treten Anregungen im Umfeld der $1.O_Z$ in Ordnungen die ganzzahlig durch die Anzahl Planeten teilbar sind auf. Die höchste Anregung wird in der Ordnung detektiert, die der $1.O_Z$ am nächsten ist. Die Amplituden der angeregten Frequenzen sind nicht symmetrisch zur $1.O_Z$. Ein Sonderfall sind Getriebe bei denen die Phasenverschiebung am Zentralrad genau eine halbe Teilung beträgt. Hierbei treten symmetrische Seitenbänder im Abstand der halben Planetenradanzahl zur $1.O_Z$ auf. [INAL09]

Typ (iii): Ungleichmäßig verteilte Planeten mit symmetrischer Eingriffsfolge

Die höchste Anregung tritt bei der Zahneingriffsordnung auf. Die am stärksten angeregten Seitenbänder befinden sich fast immer im Abstand der Planetenradanzahl zur $1.O_Z$ und sind nahezu symmetrisch. Sind die Anzahl an Planeten und die Zähnezahl geradzahlig, werden hauptsächlich ganzzahlige, gerade Ordnungen angeregt. [INAL09]

Typ (iv): Ungleichmäßig verteilte Planeten mit sequentieller Eingriffsfolge

Es treten eine Vielzahl von ganzzahligen Seitenbändern auf. Liegen sich zwei Planeten direkt gegenüber und Zähnezahl am Hohlrad sowie die Planetenradanzahl ist ganzzahlig, werden hauptsächlich gerade Ordnungen angeregt. Ist die Zähnezahl am Hohlrad sowie die Anzahl Planeten ungerade, ist die Zahneingriffsordnung nicht die am stärksten angeregte Ordnung. [INAL09]

Typ (v): Ungleichmäßig verteilte Planeten mit weder symmetrischer noch sequentieller Eingriffsfolge

Es werden eine Vielzahl Ordnungen im ganzzahligen Abstand zur $1.O_Z$ angeregt. Das Verhalten der Seitenbänder ist für die untersuchten Fälle asymmetrisch. [INAL09]

INALPOLAT überträgt das Vorgehen der Amplitudenmodulation auf ein dynamisches Ersatzmodell des Planetengetriebes und bestimmt so die angeregten Frequenzen bei synthetisch aufgeprägten Verzahnungsabweichungen [INAL09]. Er untersuchte den Einfluss von Rundlauffehlern der Sonnen- und Planetenräder sowie des Hohlrades auf die Frequenzzusammensetzung des Signals bei stehenden und rotierenden Planetenträgern [INAL09]. INALPOLAT verglich die gemessenen Anregungsspektren mit den Ergebnissen der dynamischen Simulation [INAL09].

Die angeregten Frequenzen stimmen in Simulation und Messung überein. INALPOLAT zeigt damit, dass die resultierenden Seitenbänder aus einer Frequenz- und Amplitudenmodulation resultieren. Es liegen jedoch Abweichungen in der Höhe der Amplituden vor. INALPOLAT zeigt zudem den Vergleich zu einem dünnwandigeren Hohlrad mit größerer Umfangsverformung, an dem zusätzliche Frequenzen angeregt werden. [INAL09]

Weitere Arbeiten zu Modulationseffekten in Planetengetrieben wurden von PLÖGER durchgeführt [PLÖG19]. Er untersuchte den Körperschallverlauf unterschiedlicher Servogetriebe und stellte fest, dass neben den Zahneingriffsfrequenzen auch Seitenbänder im Abstand entweder der Übersetzung oder einer Ordnung von der $1.O_Z$ angeregt werden [PLÖG19]. Seine Untersuchungen beschränken sich auf Getriebetypen des Typs i nach INALPOLAT [INAL09]. Die Vorhersagen von INALPOLAT bezüglich der angeregten Ordnungen im Abstand der Planetenradanzahl zur 1.$O_z$ konnte PLÖGER nur teilweise bestätigen [INAL09, PLÖG19]. Teilweise werden die erwarteten Ordnungen nicht angeregt und zusätzlich treten abtriebssynchrone und antriebssynchrone Modulationen im Abstand einer Ordnung zur 1.$O_z$ auf [PLÖG19].

PLÖGER stellt die Vermutung auf, dass insbesondere Ordnungen im Abstand der Getriebeübersetzung zur 1.$O_z$ angeregt werden [PLÖG19]. Auch das Modell nach MORIKAWA lässt sich laut PLÖGER nicht auf die gezeigten Fälle anwenden, da dieses eine regellose Verteilung der angeregten Frequenzen vorhersagt [MORI14, PLÖG19]. Als Ursache für die auftretenden Modulationen in den untersuchten Getrieben vermutet er Abweichungen von der Sollgeometrie, welche er in einem selbst entwickelten Ebenen-Starrkörpermodell untersuchte [PLÖG19]. Er entschied sich für diesen Detailgrad, da er fälschlicherweise keinen Einfluss von Schiefstellungen auf das Schwingungsverhalten von Getrieben vermutete, sondern nur auf die Tragfähigkeit [PLÖG19]. Eine Vielzahl von Untersuchungen widerlegen diese Annahme jedoch [WITT94, CARL14, NEUB16, THEL19, PIEL20].

PLÖGER verwendete zudem eine konstante Steifigkeit der einzelnen Zähne sowie unmodifizierte Geometrien und kann so den Einfluss der Parameter- und Weganregung nicht korrekt abbilden. Analysiert wurden Exzentrizitäten sowie Außermittigkeiten einzelner Getriebeelemente. PLÖGER bestimmt die Korrelationskoeffizienten zwischen der aufgeprägten Abweichung und der angeregten Ordnung. Er hält selbst fest, dass durch diese Analyse nur ein linearer Zusammenhang aufgezeigt werden kann. Als wesentliche Effekte identifiziert er die Sonnenexzentrizität, welche sich auf die antriebssynchrone Modulation auswirkt, und den Zusammenhang eines Trägerversatzes mit der Anregung in der Zahneingriffsordnung. [PLÖG19]

## 2.3 Methoden zur Vorhersage des Einsatzverhaltens von Planetengetrieben

*Approaches to Predict the Application Behavior of Planetary Gearboxes*

Ein Großteil der Kosten des späteren Produktes werden bereits zu einem frühen Zeitpunkt in der Entwicklung festgelegt [PAHL07]. Anpassungen zu einem späteren Zeitpunkt im Auslegungsprozess sind kosten- und zeitintensiv und daher zu vermeiden [PAHL07]. Für den Getriebekonstrukteur ist daher die Kenntnis des Einsatzverhaltens zu einem frühen Zeitpunkt für eine effiziente Auslegung notwendig. Generell eignen sich zwei Methoden zu Bestimmung des Einsatzverhaltens von Getrieben. Die genaueste ist dabei die Messung bestimmter physikalischer Größen. Hierzu muss der Entwicklungsprozess bereits weitestgehend abgeschlossen sein und identifizierte notwendige Anpassungen sind mit hohem Kosten- und Zeitaufwand verbunden [PAHL07].

Eine kosten- und zeitgünstigere Alternative stellt die Simulation des Einsatzverhaltens dar. Hierzu können unterschiedliche Ansätze und Softwarelösungen bereits in frühen

Entwicklungsphasen eingesetzt werden [KLOC17]. Für die Berechnung des Einsatzverhaltens von Getrieben stehen unterschiedliche Ansätze zur Verfügung, die im Folgenden näher beschrieben werden. Dabei kann zwischen der Abbildung des Zahnkontaktes und insbesondere der Ermittlung der Zahnfedersteifigkeiten sowie der Betrachtung des Getriebeumfeldes unterschieden werden.

Neben der Bestimmung der Zahnsteifigkeiten ist die Bestimmung der miteinander im Kontakt stehenden Bereiche der Verzahnungen notwendig. Hierzu eignet sich die analytische, lastfreie Vorberechnung der Kontaktlinien aufgrund der geometrischen Beschreibung der Zahnflanken. Alternativ können numerische Verfahren zur Kontaktberechnung eingesetzt werden, die die lokale Durchdringung der Zahnflanken im belasteten Zustand bestimmen und so das Kontaktproblem iterativ lösen.

### 2.3.1 Analytische Methoden

*Analytical Approaches*

Analytische Methoden beschreiben die Steifigkeit des Zahneingriffes über das Ersatzmodell eines Biegebalkens mit über der Höhe veränderlichem Querschnitt. Die Berechnung der Steifigkeit erfolgt dabei mit Formeln aus der Balken- und Plattentheorie. Verwendung in der industriellen Praxis findet unter anderem die Vorgehensweise von WEBER und BANASCHEK [WEBE55]. Die Kopplung einzelner Zahneingriffe untereinander kann mit der Abstraktion des Radkranzes als zusätzlichem Balken erfolgen [HÖHN14]. Durch diese Vorgehensweise können Kreuzeinflüsse zwischen einzelnen Eingriffen bestimmt werden [HÖHN14].

Die ermittelten Zahnfedersteifigkeiten werden anschließend in Federersatzmodellen in Form von linearen Gleichungssystemen verwendet [HEID12]. Weitere Eingabegrößen sind das Drehmoment sowie Kontaktabstände einzelner Flankenbereiche aus Korrekturen oder Abweichungen [HEID12]. Als Lösung des Gleichungssystems werden Berührpunktkräfte und Verformungen ermittelt, die in weiteren Schritten in getriebespezifische Größen wie die HERTZ'SCHE Pressung und Drehwegabweichungen überführt werden können [HERT82].

HEIDER entwickelte eine Methode zur Abbildung von Planetengetrieben in der analytischen Zahnkontaktanalyse RIKOR. Hierzu erweiterte er das Federmodell um die Berücksichtigung der Planetengetriebekinematik. Erweiterungen im Federmodell sind die Lastaufteilung auf die einzelnen Planeten berechnet aus den örtlich vorliegenden Steifigkeiten der Planeteneingriffe, das Drehmomentengleichgewicht der beiden Eingriffe am Planetenrad sowie die Verdrehung der Räder aufgrund der Starrkörperverschiebung. [HEID12]

NEUBAUER erweiterte das Programmsystem RIKOR um die Abbildung weiterer Einflüsse aus dem Verzahnungsumfeld auf das Einsatzverhalten von Planetengetrieben [NEUB16]. Hierzu nutzte er die Balkentheorie nach TIMOSHENKO, um den Einfluss von Wellen zu berücksichtigen [TIMO36, NEUB16]. Der Einfluss der Wälzläger wird über zusätzliche Federn, die die Lagersteifigkeiten in unterschiedliche Raumrichtungen abstrahieren, abgebildet [NEUB16].

Aufgrund der hohen Komplexität der Strukturbauteile Gehäuse und Planetenträger und deren unzureichende Beschreibung über analytische Ansätze wurden hybride Lösungen entwickelt. NEUBAUER greift auf die Vorberechnung mittels finiter Elemente zurück [NEUB16]. Der Planetenträger wird dabei als Superelement beschrieben, dessen Steifigkeitsinformationen auf die Anbindungsknoten der Planetenradachse reduziert werden [NEUB16]. Hierdurch entsteht eine Hybridlösung aus numerischer und analytischer Beschreibung des Gesamtsystems [NEUB16]. Ein ähnliches Verfahren wird im FVA Vorhaben 711 I zur Berücksichtigung von Gehäusestrukturen verwendet [STAH17]. Eine weitere Möglichkeit zur Berücksichtigung der Verzahnungsumgebung beschreibt VRIESEN [VRIE01]. Er bestimmt das Verformungsverhalten des Planetenträgers und von Gehäusestrukturen über analytische Näherungsgleichungen, welche er zuvor aus FE-Analysen ermittelt hat [VRIE01].

Vorteile der analytischen Methoden sind der geringe Berechnungsaufwand. Hierdurch können eine Vielzahl unterschiedlicher Geometrien schnell untereinander verglichen und bewertet werden. Nachteile liegen insbesondere im Bereich der Abbildbarkeit komplex geformter und dünnwandiger Strukturen, sodass zunehmend von der Verwendung reiner analytischer Modelle abgewichen und Hybridlösungen zur Berücksichtigung numerischer Ergebnisse entwickelt werden [VRIE01, NEUB16, STAH17].

### 2.3.2 Numerische Methoden

*Numerical Approaches*

Der wesentliche Unterschied zwischen numerischen und analytischen Methoden zur Zahnkontaktanalyse besteht in der Bestimmung der Zahnfedersteifigkeiten sowie in der Kontaktfindung. Während die Ermittlung bei analytischen Ansätzen auf die Balken- und Plattentheorie zurückgreifen, werden diese bei numerischen Methoden über Finite Element Methoden (FEM) oder Boundary Element Methoden (BEM) ermittelt. [KLOC17]

Bei numerischen Methoden werden die Verzahnungen durch finite Volumen- oder Plattenelemente beschrieben. Kommerzielle allgemeine FE-Solver ermöglichen die Vernetzung, Positionierung, Belastung, Lösung und Analyse des Systems. Zusätzliche Elemente wie Wellen, Lager, Gehäuse oder Planetenträger können in der Analyse berücksichtigt werden. Für Koppelstellen einzelner Elemente stehen unterschiedliche Kontaktdefinitionen zur Verfügung, sodass eine detaillierte Analyse des Systems und dessen Auswirkungen auf den Zahneingriff erfolgen kann. Der Kontakt der Zahnflanken wird dabei als allgemeines Kontaktproblem iterativ gelöst.

Die Berechnung des Einsatzverhaltens mittels allgemeiner FE-Solver stellt die umfassendste und genaueste Möglichkeit dar. Aufgrund des hohen Modellierungs- und Rechenaufwandes insbesondere bei der Kontaktfindung wird diese Methode hauptsächlich zur Nachrechnung einzelner Fälle und weniger zur Auslegung von Verzahnungen oder Komponenten eingesetzt [PIEL20]. Ein weiterer Nachteil ist die notwendige Neuberechnung des Problems bei geringen Änderungen der Geometrie.

Neben allgemeinen FE-Solvern stehen für den Zahnkontakt spezialisierte FE-basierte Methoden zur Verfügung, wie die am WZL entwickelten Zahnkontaktanalysen FE-Stirnradkette [NEUP83, BONG90, CAO02] und Zako3D [HEMM07]. FE-basierte Methoden verwenden die detaillierten Steifigkeitsinformationen der FE-Analyse in Kombination mit vereinfachten Kontaktmodellen. Die Berücksichtigung der Steifigkeiten erfolgt über Einflusszahlen, die mit spezialisierten FE-Solver ermittelt werden.

Die in Kontakt befindlichen Zahnflanken werden dabei mit Einheitslasten beaufschlagt und es werden Verschiebungseinflusszahlen als Verformungsantwort dieser Einheitslast bestimmt [NEUP83]. Das Aufprägen der Lasten kann dabei direkt an den FE-Knoten oder an analytisch vorberechneten Kontaktpunkten der Verzahnungen erfolgen. Im letzteren Fall wird die anliegende Berührpunktkraft über Formfunktionen auf umliegende FE-Knoten verteilt [ZIEN71]. Neben der Verformung des belasteten Knotens oder Berührpunktes kann ebenfalls die Verformungsantwort der übrigen Kontaktpunkte oder FE-Knoten ermittelt werden [NEUP83]. So können Kreuzeinflüsse in der Analyse berücksichtigt werden [NEUP83].

Die Kontaktberechnung erfolgt entweder reduziert für die analytisch vorberechneten lastfreien Berührpunkte oder über einen allgemeinen Kontaktansatz ähnlich zur allgemeinen FE-Analyse. In **Bild 7** ist die Vorgehensweise der Berechnung für analytisch vorberechnete Berührlinien am Beispiel der FE-STIRNRADKETTE gezeigt [SCHÄ08]. Die Einflusszahlen werden analog zu den Zahnsteifigkeiten der analytischen Methoden in einem nachgelagerten Schritt für die Lösung des Ersatzfedermodells verwendet [SCHÄ08]. Als weitere Eingabegrößen werden die Belastung des Zahneingriffs $F_{Ges}$ resultierend aus dem Antriebsmoment sowie die Kontaktabstände der Berührpunkte beider Räder $\Delta_i$ benötigt [SCHÄ08]. Über ein lineares Gleichungssystem können die Berührpunkt Einzelkräfte $F_1$ bis $F_n$ sowie die Einfederung des Gesamtkontaktes $f_{ges}$ bestimmt werden [SCHÄ08].

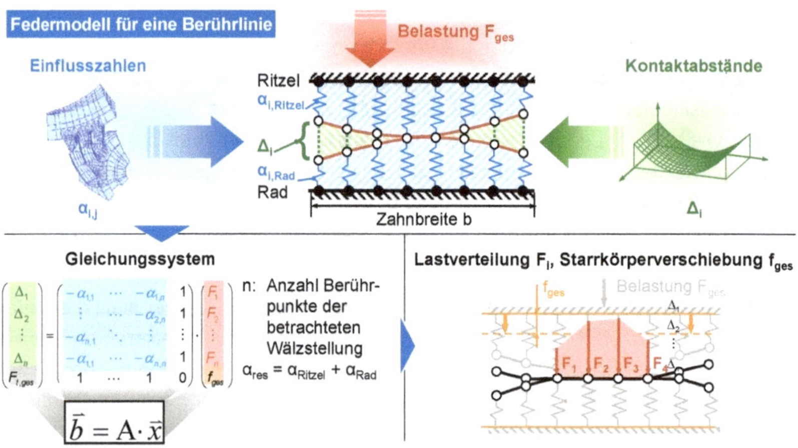


**Bild 7:** Abbildung des Zahnkontaktes in der FE-basierten Zahnkontaktanalyse [SCHÄ08]

*Modelling of the Tooth Contact in an FE-based Tooth Contact Analysis [SCHÄ08]*

Das Separieren von Kontaktlösung und Steifigkeitsermittlung ermöglicht die Variation von nicht steifigkeitsrelevanten Parametern des Systems ohne erneute FE-Berechnung und reduziert somit den Rechenaufwand. Achslageabweichungen oder Zahnflankenkorrekturen verändern beispielweise nicht maßgeblich die Steifigkeit der einzelnen Federn, sondern vornehmlich die Kontaktbedingungen. Die Berücksichtigung einer Änderung erfolgt anhand von Kontaktabständen im Federmodell, sodass die nichtlineare Steifigkeit des Zahnkontaktes erhalten bleibt. Hierdurch eignen sich FE-basierte Methoden insbesondere zur Auslegung von Flankenkorrekturen bei dünnwandigen Strukturen oder geometrisch komplex geformten Komponenten. [KLOC17]

BRECHER ET AL. beschreiben eine Vorgehensweise wie Radkörper mit Bohrungen oder Nuten in die Berechnung eingebunden werden können. Hierzu wird die mit Hexaederelementen vernetzte Verzahnung mit einem durch Tetraeder vernetzten Radkörper verklebt und die Einflusszahlen für die Gesamtbaugruppe bestimmt. Die unterschiedliche Wahl der FE-Elemente resultiert aus der einfacheren Beschreibung steifigkeitsrelevanter komplexer Geometrien durch Tertraederelemente und die insbesondere für Spannungen bessere Berechnungsgüte von Hexaederelementen. [BREC16a]

In vorangegangenen Arbeiten wurde die FE-STIRNRADKETTE um die Abbildung der Lastaufteilung bei außenverzahnten Stirnradeingriffen und die Abbildbarkeit von Innenverzahnungen erweitert [WECK03, BREC16b]. PIEL verwendete zudem Steifigkeitskennfelder, welche mittels FE-basierter Zahnkontaktanalyse für die Einzelkontakte vorberechnet werden, im Kraftkoppelement nach GACKA zur dynamischen Analyse von Planetengetrieben [GACK13, PIEL20]. Eine quasistatische Analyse von Planetengetrieben unter Berücksichtigung der Wechselwirkungen zwischen einzelnen Eingriffen ist im Programmsystem FE-STIRNRADKETTE nicht möglich.

Den Arbeiten von VRIESEN entstammt die FE-basierte Zahnkontaktanalyse PLANKORR, welche gezielt zur Auslegung von Flankenkorrekturen in Planetenstufen entwickelt wurde. Die Ermittlung der Einflusszahlen erfolgt über FE-Modelle für Einzeleingriffe. Die Ergebnisse der FE-Analyse werden in Näherungsgleichungen für einzelne Kontaktpunkte überführt, sodass das Modell analytisch gelöst werden kann. Die Näherungsgleichungen sind dabei nur für Verzahnungen ähnlicher Geometrie und niedrigen Schrägungswinkeln gültig [VRIE01].

Neben allgemeinen FE-Solvern und spezialisierten Programmen, welche insbesondere an Hochschulen entwickelt werden (RIKOR, FE-STIRNRADKETTE, PLANKORR etc.) werden in der industriellen Praxis häufig kommerzielle Programmsysteme zur Auslegung von Antriebssträngen und Getriebesystemen verwendet. Zu diesen zählen unter anderem ROMAX (HEXAGON), SIMPACK (DASSAULT SYSTEMS), MASTA (SMT) und KISSSOFT (GLEASON). Die genaue Funktionsweise und die zugrunde liegenden Modelle zur Berechnung von Getrieben werden von den Herstellern nicht detailliert offengelegt, sodass eine Abgrenzung zu den aufgezeigten Ansätzen nicht zweifelsfrei möglich ist.

## 2.4 Auslegung von Planetengetrieben

*Design of Planetary Gearboxes*

Das Ziel der Getriebeauslegung ist die Erfüllung der vom Kunden gestellten Anforderungen. Anforderungen an das Getriebe können je nach Einsatzzweck unterschiedlich sein, umfassen dabei jedoch in der Regel:

- Das Einhalten der geforderten Übersetzung
- Die Erreichung einer bestimmten Lebensdauer
- Die Einhaltung der geforderten Geräuschabstrahlung
- Das Erreichen des geforderten Wirkungsgrades
- Die Einhaltung der Kosten

Das nicht Erreichen der geforderten Übersetzung und der Lebensdauer beeinträchtigt direkt die Funktion des Getriebes, sodass dieses nicht eingesetzt werden kann oder frühzeitig ausfällt. Die Geräuschabstrahlung von Maschinen und Anlagen wird in den meisten Anwendungsfällen vom Gesetzgeber begrenzt [EURO03, WIRT07, DEUT20]. Werden Grenzwerte beispielsweise von Windenergieanlagen nicht eingehalten, erhalten diese keine Betriebserlaubnis oder dürfen nur bei verminderter Leistung betrieben werden. Falls Kraft- und Nutzfahrzeuge die Grenzwerte überschreiten, werden diese nicht zugelassen. Zusätzlich ist eine geringe Geräuschabstrahlung insbesondere bei Kleingeräten und Fahrzeugen ein zusätzliches Qualitätsmerkmal und bietet Wettbewerbsvorteile. Gleiches gilt für Wirkungsgrade in automobilen Anwendungen oder der Energiegewinnung.

Hohe Kosten beinträchtigen nicht die Funktion des Getriebes, verringern aber insbesondere die Wettbewerbsfähigkeit. Die Kosten eines Getriebes setzen sich im Wesentlichen aus den Materialkosten sowie den Herstellkosten zusammen [COMM13, STAT22]. Die Materialkosten sind dabei stark vom Gewicht abhängig. Zusätzlich führt ein hohes Getriebegewicht zu einem höheren Energieverbrauch bei automobilen Anwendungen und der Herstellung sowie zu erhöhten Anforderungen an die Infrastruktur [SEEL23]. Gegebenenfalls fallen Mehrkosten für größere Maschinen und Kräne bei der Fertigung und Montage sowie für den Transport an. Das Gewicht beeinflusst dadurch maßgeblich die Qualität und die Kosten und wird zunehmend bedeutender.

### 2.4.1 Vorgehensweise bei der Auslegung

*Design Approach*

Die Vorgehensweise bei der Auslegung von Getrieben umfasst nach KLOCKE ET AL. sechs Schritte. Der erste Schritt ist die Erstellung des Pflichtenheftes in denen die Anforderungen an das Getriebe festgelegt werden. Resultierend aus den Anforderungen und insbesondere der geforderten Übersetzung wird im zweiten Schritt das Getriebe konzeptioniert. Hierbei ist die Wahl der Stufenanzahl sowie der Verwendung und Verschaltung von Stirnradgetrieben, Planetengetrieben oder Kegelradstufen zu treffen. Liegt das Getriebekonzept vor, kann die Vorauslegung der benötigten Verzahnungen erfolgen. [KLOC17]

Festzulegende Größen sind unter anderem die Übersetzung pro Stufe und damit die Zähnezahlen sowie der Achsabstand [KLOC17]. Häufig erfolgt die Vorauslegung auf Basis der geforderten Tragfähigkeit anhand genormter Tragfähigkeitsnachweise wie der ISO 6336 [ISO19b, ISO19d, ISO19c]. Im nachfolgenden Schritt kann die Makrogeometrie der Verzahnung optimiert werden. Durch Anpassungen der Schrägungswinkel, Verzahnungsbreiten und Eingriffswinkel kann eine zusätzliche Steigerung der Tragfähigkeit oder des Wirkungsgrades sowie eine Reduktion des Anregungsverhaltens erreicht werden [KLOC17].

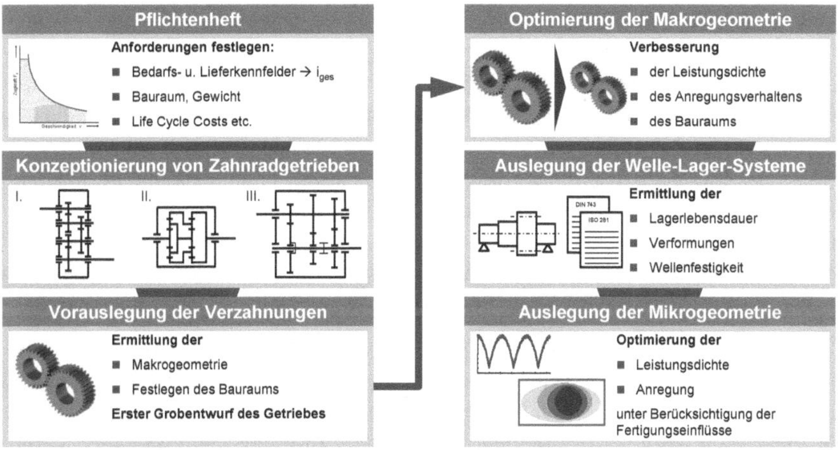


**Bild 8:** Vorgehensweise bei der Getriebeauslegung [KLOC17]

*Approach for Gearbox Design [KLOC17]*

Durch die Festlegung der Makrogeometrie sind die in den einzelnen Eingriffen vorliegenden Kräfte und damit die Schnittlasten auf das Welle-Lagersystem bekannt, welches nachfolgend definiert werden kann [KLOC17].Im Fall des Planetengetriebes umfasst dies zusätzlich die Strukturkomponenten wie den Planetenträger, die Drehmomentenstütze und das Getriebegehäuse. Das Welle-Lagersystem sowie die Strukturkomponenten sind maßgeblich für die Verformung des Systems und damit die Positionierung des Zahneingriffes, vgl. Abschnitt 2.2.4 [KLOC17]. Mit Festlegung der Komponenten kann das Verformungsverhalten unter Last bestimmt und der Zahneingriff über die Auslegung der Mikrogeometrie in Form von Zahnflankenkorrekturen optimiert werden [KLOC17].

### 2.4.2 Bestimmung der Tragfähigkeit

*Determining the Load Carrying Capacity*

Einen großen Stellenwert in der Getriebeauslegung nimmt das Erreichen der geforderten Tragfähigkeit ein. Im folgenden Abschnitt werden die Besonderheiten bei der Auslegung der Tragfähigkeit von Planetengetrieben und vorhandene Arbeiten daher gesondert herausgestellt. Der Grundgedanke der Tragfähigkeitsberechnung nach ISO

6336 ist dabei die Gegenüberstellung der Beanspruchung mit der Beanspruchbarkeit der Verzahnung [ISO19c].

Der wesentliche Unterschied bei der Auslegung der Tragfähigkeit von Planetengetrieben im Unterschied zu Stirnradgetrieben ergibt sich aus der Lastverteilung des Antriebsmomentes auf die einzelnen Leistungspfade, vgl. Abschnitt 2.1.3. Die Lastaufteilung im Planetengetriebe wird über den statischen Lastaufteilungsfaktor $K_\gamma$ und den dynamischen Lastüberhöhungsfaktor $K_v$ beschrieben und in die Auslegung der Zahnflankentragfähigkeit nach ISO 6336 über den Anwendungsfaktor $K_A$ auf der Beanspruchungsseite berücksichtigt [ISO19c]. Der Faktor $K_\gamma$ beschreibt die von einem Planeten übertragende Kraft im Vergleich zur nominell zur übertragenden Kraft im quasistatischen Betrieb [ISO19c]. Die ISO 6336 empfiehlt bei wechselnder Lastaufteilung ausdrücklich nicht die Verwendung des Maximalwertes, sondern die Berücksichtigung entsprechend der Zyklenzahl einzelner $K_\gamma$ Werte als Lastkollektiv nach der Vorgehensweise der ISO 6336 Teil 6 [ISO19a, ISO19c]. Anders als für viele andere Faktoren existiert in der ISO 6336 keine Näherungsgleichung oder ein Schaubild für die Ermittlung der beiden Lastüberhöhungsfaktoren [ISO19c]. Es wird empfohlen, diese über Messungen zu bestimmen oder aus der Literatur zu entnehmen [ISO19c]. Eine Alternative zur Ermittlung stellen Berechnungen mit höherwertigen Rechenmethoden dar.

Ein weiterer relevanter Lastüberhöhungsfaktor ist die Bewertung der Breitenlastverteilung auf der Zahnflanke und im Zahnfuß über die Faktoren $K_{H\beta}$ und $K_{F\beta}$. Zur Ermittlung nach Methode B wird die Zahnflanke hierzu in zehn Elemente über der Zahnbreite aufgeteilt und die in jedem Element übertragende Kraft bestimmt. Der Lastüberhöhungsfaktor ergibt sich aus dem Vergleich der maximalen zur mittleren Last der einzelnen Elemente bezogen auf die Zahnbreite, vgl. Formel (2-9). Der Lastüberhöhungsfaktor der Zahnfußbeanspruchung $K_{F\beta}$ kann unter Einbeziehung des Verhältnisses aus Zahnbreite und Zahnhöhe aus dem Wert $K_{H\beta}$ ermittelt werden. Die resultierende Breitenlastverteilung ist dabei insbesondere von der Verformung des Verzahnungsumfeldes abhängig. Eine Vorgehensweise zur Berücksichtigung wechselnder Breitenlastverteilungen, wie sie bei verlagerten Zentralelementen in Planetengetrieben auftritt, wird nicht benannt, vgl. 2.2.4. [ISO19c]

$$K_{H\beta} = \frac{max\left(\frac{F}{b}\right)}{\left(\frac{F_m}{b}\right)} \quad \textbf{(2-9)}$$

Die Lastaufteilung und Lastverteilung in Planetengetrieben ist abhängig vom gewählten Betriebspunkt und kann über Zahnflankenkorrekturen verbessert werden, vgl. Bild 8. Insbesondere die quasistatischen Faktoren $K_\gamma$, $K_{H\beta}$ und $K_{F\beta}$ sind abhängig von der Verformung des Systems und damit vom anliegenden Drehmoment. Wird das Getriebe nicht bei konstantem Drehmoment betrieben, muss die Bestimmung der Werte für unterschiedliche Laststufen erfolgen und der Tragfähigkeitsnachweis für Lastkollektive in Abhängigkeit der Zyklenzahl durchgeführt werden [ISO19c].

### 2.4.3 Berücksichtigung von Lastkollektiven

*Consideration of Variable Loads*

Eine Auslegung der Tragfähigkeit für konstante Betriebspunkte kann anhand der ISO 6336 Teil 1 bis Teil 3 erfolgen [ISO19b, ISO19d, ISO19c]. Die meisten antriebstechnischen Systeme weisen über die Einsatzdauer unterschiedliche Betriebspunkte auf, sodass die Auslegung nach ISO 6336 Teil 1 bis Teil 3 nicht direkt angewendet werden kann [ISO19c, ISO19d, ISO19b]. ISO 6336 Teil 6 ermöglicht eine Auslegung unter Berücksichtigung wechselnder Lasten auf Grundlage des Dauerfestigkeitsnachweises für statische Betriebspunkte [ISO19a].

**Bild 9** zeigt die generelle Vorgehensweise. Hierzu sind zunächst die Betriebsbedingungen des Systems zu ermitteln. Generell können unterschiedliche Systemgrenzen gewählt werden. Für die Belastungsermittlung eines Getriebes einer Windenergieanlage können beispielsweise Windgeschwindigkeiten am Standort, Drehmoment und Drehzahl der Anlage oder Zahnfußspannungen im Zahnrad gemessen werden. Je nach Systemgrenze sind eventuell weitergehende Simulationen notwendig, um das gewünschte Subsystem beschreiben zu können.

In der Regel liegen die gemessenen oder simulierten Daten als Zeitreihen vor, welche anschließend über Zählmechanismen in Gruppen (Load Bins) eingeteilt werden [ISO19a]. Mit Hilfe der Zählmechanismen wird das Zeitsignal zunächst in diskrete Ereignisse zerlegt, beispielsweise in Zeitabschnitte konstanter Belastungen (Verweildauerzählung) oder der Amplitude eines Lastzyklus bei zyklischen Beanspruchungen (Maximalwertzählung) [KÖHL12]. Die Ereignisse werden in Gruppen eingeteilt und die Anzahl bzw. die Dauer der Ereignisse in einer Lastgruppe bestimmt.

Durch die vorliegenden Lastkollektive lassen sich die Betriebszustände über die Lebensdauer mit Hilfe von konstanten Betriebspunkten beschreiben [ISO19a]. Mit Hilfe der Lastkollektive beispielsweise bestehend aus Drehmoment und Drehzahl, werden anschließend die Beanspruchungen der Verzahnungen bestimmt [ISO19a]. Für jede Lastklasse wird die entsprechende Beanspruchung mit der Beanspruchbarkeit des Werkstoffes verglichen [ISO19a]. Grübchenschäden und Zahnfußbrüche folgen dabei einem Wöhlerverhalten mit einem statischen, dauerfesten und einem zeitfesten Bereich [STAH18]. Mit Hilfe einer Schadensakkumulation kann für jede Lastklasse eine Teilschädigung an Hand des Quotienten aus der vorliegenden Lastwechselanzahl $n_i$ und der maximal ertragbaren Lastwechselanzahl $N_i$ auf diesem Lastniveau bestimmt werden [MINE45]. Die Teilschädigungen aller Lastklassen werden aufsummiert und ergeben so eine Gesamtschädigung mit welcher die Ausfallwahrscheinlichkeit bestimmt werden kann [STAH18].

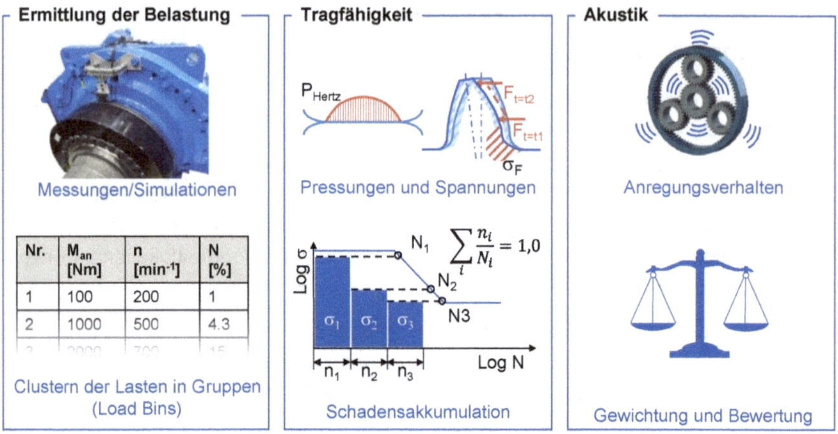


**Bild 9:** Vorgehensweise bei der Auslegung für Lastkollektive

*Design Approach to Take Load Spectra into Account*

Eine Methode zur Auslegung von Zahnflankenkorrekturen für unterschiedliche Laststufen unter Einbeziehung des Anregungsverhaltens stellt HELLMANN vor, vgl. Bild 9. Das Verfahren beruht auf der Gewichtung und Bewertung mehrerer Einzahlkennwerte, die für diskrete Laststufen über eine Zahnkontaktanalyse ermittelt werden. Er variiert die, auf die Verzahnung aufgebrachten, Flankenkorrekturen und bewertet die einzelnen Varianten hinsichtlich der Gesamtnote sowie der Stabilität im Toleranzfeld der Verzahnungsfertigung. [HELL15]

PIEL wendet das Vorgehen auf Planetenstufen an und optimiert so das Einsatzverhaltens eines Getriebes einer Windenergieanlage. Die Gewichtung der einzelnen Faktoren untereinander wählt er dabei abhängig von der Laststufe und auch die Laststufen selbst sind untereinander gewichtet. Neben der Beanspruchungskenngröße Zahnflankenpressung verwendet er den Drehfehler der Einzeleingriffe als weitere Bewertungsgröße. Er wählt konstante Abweichungen innerhalb einer Drehmomentstufe und ermittelt diese mittels einer FE-Analyse des Planetenträgers. [PIEL20]

### 2.4.4 Bestimmung lokaler Schädigungen der Zahnflanke

*Determination of Local Damage to the Tooth Flank*

In den genormten Verfahren zur Schädigungsberechnung nach ISO 6336 werden Versagenswahrscheinlichkeiten für die gesamte Zahnflanke bzw. den gesamten Zahnfuß mit jeweils einem einzelnen Kennwert ermittelt, daher gelten diese als globale Verfahren [ISO19b, ISO19d]. Sich verändernde Tragbilder in Abhängigkeit der Laststufe werden mit Hilfe von Lastüberhöhungsfaktoren in eine veränderte Beanspruchung umgerechnet. Die Beanspruchbarkeit wird ebenfalls global bestimmt, sodass lokale Effekte, beispielsweise bei der Berechnung der dauerfest ertragbaren Flankenpressung, nicht berücksichtigt werden.

Verlagert sich das Tragbild über den Betriebsbereich des Getriebes aufgrund lastabhängiger Verlagerungen des Umfeldes, werden in Abhängigkeit des Betriebspunktes unterschiedliche Bereiche der Zahnflanke beansprucht. Zuvor stärker beanspruchte Bereiche werden eventuell entlastet und bisher nicht beanspruchte Bereiche belastet. Globale Methoden können diese Effekte nicht abbilden, sodass lokale Schädigungsberechnungen notwendig sind [SFAR11, ZIEG11, THEL19].

Lokale Schädigungsmodelle nutzen in der Regel höherwertige Rechenansätze zur Bestimmung der lokalen Beanspruchungen. ZIEGLER stellt eine Methode zur Berechnung lokaler Schädigungen mit Hilfe der Zahnkontaktanalyse RIKOR vor [ZIEG11]. Zur Berechnung der Grübchentragfähigkeit werden Zahnflankenpressungen am Einzeleingriffsbeginn B unter Berücksichtigung von Flankenkorrekturen in der analytischen quasistatischen Zahnkontaktanalyse vorberechnet [ZIEG11]. Die Verzahnung wird entlang der Breite in Scheiben unterteilt und die Beanspruchung jeder Scheibe bestimmt [ZIEG11]. Es erfolgt ein Abgleich der lokalen Beanspruchung mit der global ermittelten Beanspruchbarkeit jeder Einzelscheibe, so dass eine Teilschädigung für einen Lastwechsel berechnet wird [ZIEG11]. Durch die Aufsummierung der Teilschädigungen nach MINER erfolgt die Bestimmung des Ortes mit der höchsten Ausfallwahrscheinlichkeit [MINE45, ZIEG11].

SFAR entwickelte eine Methode zur Auslegung von Zahnflankenkorrekturen in Planetengetrieben auf Basis der Erreichung gleichmäßiger Schädigungen der einzelnen Flankenabschnitte. Die Vorgehensweise bei der Berechnung der lokalen Schädigung ist analog zum Verfahren von ZIEGLER [ZIEG11]. Zur Berechnung wird die FE-basierte Methode PLANKORR verwendet [SFAR11]. SFAR betrachtete zudem Abweichungen der Zentralelemente und Gehäuseverformungen, bezieht diese jedoch nur für eine Getriebestellung in die Auslegung der Korrekturen ein [SFAR11].

Die Methoden von SFAR und ZIEGLER zur Bestimmung der lokalen Schädigung verwenden für die Beanspruchbarkeit die nach ISO 6336 ermittelten Werte [SFAR11, ZIEG11, ISO19d]. Da die mit den Zahnkontaktanalysen berechneten Spannungen nicht dem Wert der auftretenden Flankenpressung $\sigma_H$ nach ISO 6336 entsprechen, ist eine Abschätzung der Überlebenswahrscheinlichkeit nicht möglich, sondern nur ein Vergleich unterschiedlicher Modifikationen oder Bereiche der Zahnflanke untereinander [SFAR11, ZIEG11]. INGELI zeigt jedoch, dass sich die mit der FE-Stirnradkette berechneten Flankenpressungen eignen, um Überlebenswahrscheinlichkeiten vorherzusagen [INGE17].

### 2.4.5 Strukturoptimierung des Verzahnungsumfeldes

*Structural Optimization of Gear Surrounding Elements*

Im Folgenden werden Ansätze zur Strukturoptimierung von mechanischen Systemen vorgestellt. Hierbei werden einerseits Klassifizierungen sowie Optimierungsziele erörtert. Nachfolgend erfolgt eine Betrachtung der Strukturoptimierung von Planetengetrieben und dabei insbesondere der Herausforderungen bei der Modellbildung.

Die Strukturoptimierungsaufgaben werden anhand der Freiheitsgrade bei der Optimierung unterteilt, da sich anhand derer ebenfalls die Lösungsstrategie ableiten lässt [SCHM63]. Neben der Auswahl der Bauweise und dem verwendeten Material, werden Optimierungsaufgaben in drei weitere Klassen eingeteilt [SCHU13]. **Bild 10** gibt einen Überblick über potenzielle Optimierungen am Beispiel eines punktuell belasteten Balkens.

Die Klasse, die nach der Werkstoffwahl die geringsten Freiheitsgrade zur Optimierung besitzt, ist die Dimensionierung. Hierbei bleibt die Gestalt des Bauteils erhalten und einzelne Geometrieparameter werden angepasst. Im Falle eines einfachen Balkens liegen für die Dimensionierung drei unterschiedliche Parameter (Länge, Breite, Höhe) vor, die für die Belastung optimiert werden können. [SCHU13]

Wird zusätzlich die Außenkontur des Bauteils geändert, so handelt es sich um eine Formoptimierung. Bei der Formoptimierung wird die äußere Gestalt des Bauteils angepasst, so dass über die Länge des Balkens bspw. unterschiedliche Querschnitte vorliegen können. Ist es möglich neue Strukturelemente wie Bohrungen, Aussparungen oder Streben innerhalb der Optimierung hinzuzufügen, handelt es sich um eine Topologieoptimierung. In der Regel führt eine höhere Anzahl an Freiheitsgraden zu verbesserten Lösungen, gleichzeitig steigt der Rechenaufwand, so dass abgewogen werden muss, inwiefern der Aufwand vertretbar ist. [SCHU13]

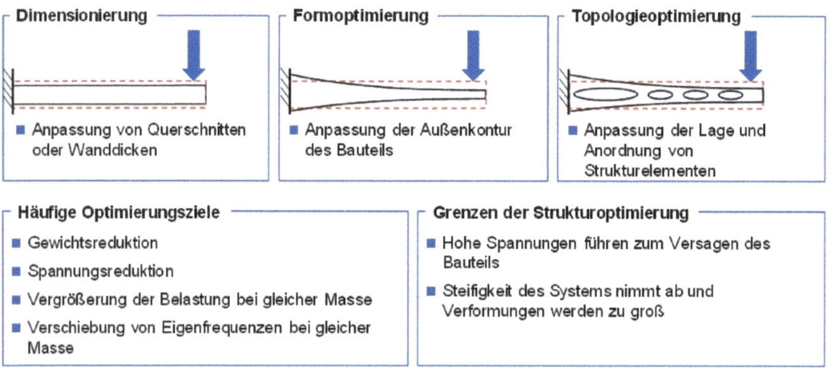


**Bild 10:** Klassen und Grenzen der Strukturoptimierung

*Categories and Limits of Structural Optimization*

Die Zielgrößen der Strukturoptimierung können unterschiedlich sein. Häufige Ziele sind die Gewichts- oder Spannungsreduktion durch bessere Ausnutzung des Materials oder die Verschiebung von Eigenfrequenzen bei gleicher Masse [SCHU13]. Die limitierenden Faktoren sind dabei die auftretenden Verformungen des Systems und die Bauteilspannungen sowie die Einhaltung des Bauraums. Zudem ist es möglich, unterschiedliche Zielgrößen wie beispielsweise Gewicht und Verformung des Systems zu optimieren. Ergibt sich aus den gewählten Zielgrößen ein Zielkonflikt, so dass das Optimum der jeweiligen Einzelzielgrößen nicht mit einer gemeinsamen Lösung aller Zielgrößen erreicht werden kann, liegt eine sog. PARETO-Optimierung vor [SCHU13].

Hierbei werden die einzelnen Zielgrößen in der Regel zueinander gewichtet, so dass sich eine Zielfunktion ergibt. Das Ergebnis der Optimierung ist eine Bauteilgeometrie, die je nach Gewichtung der einzelnen Zielgrößen unterschiedlich gestaltet sein kann [SCHU13].

Besondere Herausforderungen entstehen bei der Optimierung mit variablen Lastangriffspunkten und Lastfällen, da die Einzellösung für jeden Einzellastfall unterschiedlich aussehen und die optimale Gestalt häufig keine Kombination der Einzelgeometrien darstellt. Gleiches gilt für unterschiedliche Lastfälle, die berücksichtigt werden müssen. Hierbei werden die Einzellastfälle auf dieselbe Struktur aufgeprägt und die Ergebnisse der Zielfunktion häufig linear zueinander gewichtet. [IWAM13]

Zur Strukturoptimierung von Planetengetrieben eignen sich in erster Linie schwere, konstant belastete Bauteile. In der Literatur existieren daher überwiegend Ansätze zur Strukturoptimierung von Planetenträgern, unter anderem auch, weil durch die rotierende Masse des Trägers das dynamisch Drehübertragungs- und Trägheitsverhalten modifiziert werden kann [XING13, YI14]. Eine weitere Begründung ist im Kraftfluss zu finden. Über den Planetenträger werden die resultierenden Zahneingriffskräfte aus dem Sonnen- und Hohlradeingriff des Planeten abgestützt. Für den Planetenträger ergibt sich aufgrund der immer gleichen Kraftrichtung ein konstanter Kraftangriffspunkt und eine konstante Belastungszone. Die Optimierung kann daher theoretisch mit dem Worst-Case Lastfall erfolgen.

Als weiteres Strukturelement eignet sich aufgrund des Gewichtes die Anbindung des Hohlrades an die Umgebung. Bei gehäusefest ausgeführten Hohlrädern werden die Hohlräder in der Regel mit dem Gehäuse form- und oder kraftschlüssig verbunden. Das Getriebegehäuse stützt das am Hohlrad anliegende Drehmoment an der Umgebung (Fundament, Maschinenträger, Fahrzeugrahmen etc.) ab. Häufig werden hierfür Drehmomentstützen oder diskrete Anbindungspunkte in Form von Schraub- oder Schweißverbindungen gewählt. In der Literatur konnten keine Arbeiten zur Optimierung der Hohlradanbindung gefunden werden. Ursächlich hierfür kann unter anderem die in Betrag und Richtung wechselnde Beanspruchung je nach Getriebestellung sein, welche die Optimierung mit herkömmlichen Methoden erschwert.

Im Planetengetriebe teilt sich durch den Mehrfacheingriff die Leistung auf die einzelnen Leistungspfade auf, sodass nicht nur eine Last zeitgleich auf das Hohlrad wirkt, sondern die Anzahl der Lastfälle, welche der Anzahl an Planeten entspricht, vgl. **Bild 11** oben links. Wie viel des insgesamt anliegenden Drehmomentes von einem Planeten übertragen wird, ergibt sich im abweichungsfreien Getriebe aus der Kombination aller Eingriffssteifigkeiten [HEID12]. Die Last, die von jedem einzelnen Eingriff übertragen wird, ist zudem über der Zahnbreite veränderlich, vgl. Bild 11 unten links. Zusätzlich kann sich die Lastverteilung über der Zahnbreite in Abhängigkeit der Wälzstellung ändern [PAPI14]. Daher muss die wirkende Belastung auf die Gehäusestruktur für jeden Planeteneingriff, in Abhängigkeit der Lastaufteilung im Gesamtsystem und der Lastverteilung über der Zahnbreite, für jede Wälzstellung individuell bestimmt werden.

Im Gegensatz zum Planetenträger wechselt die Kraftrichtung und der Kraftangriffspunkt im Hohlrad je nach Position der umlaufenden Planeten, vgl. Bild 11 oben rechts. Je nach Stellung der Planeten wird damit ein anderer Bereich der Struktur belastet und liegt im Kraftfluss. Das bedeutet, dass eine Optimierung nicht für eine diskrete Trägerposition erfolgen kann, sondern eine Vielzahl von Eingriffsstellungen über dem Umfang des Hohlrades betrachtet werden muss.

Die zu optimierende Anbindung des Hohlrades beeinflusst zusätzlich die Eingriffssteifigkeit der einzelnen Hohlradeingriffe, vgl. Bild 11 unten rechts. Bestimmte Bereiche reagieren aufgrund der diskreten Anbindung an die Umgebung steifer auf die Belastung im Zahneingriff als andere Bereiche. Dadurch liegen unterschiedliche Steifigkeiten der Eingriffe über dem Umfang vor. Dies führt in Abhängigkeit der Stellung des Planetenträgers auch zu einer veränderlichen Lastaufteilung, sodass die Lastfälle für unterschiedliche Gehäusestrukturen variieren und für eine Strukturoptimierung nicht vorberechnet werden können.

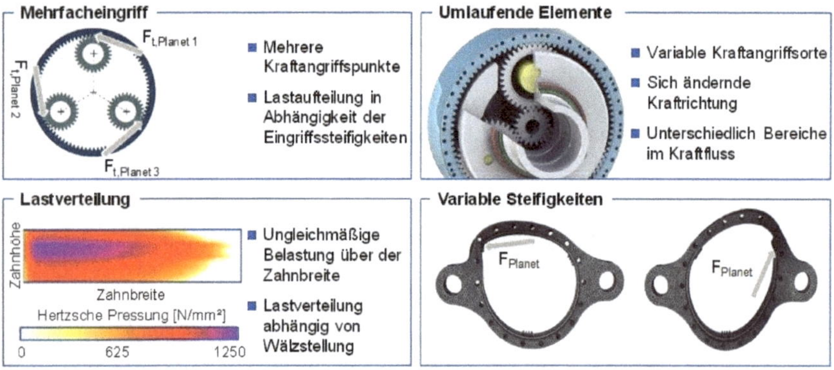


**Bild 11:** Herausforderungen bei der Strukturoptimierung von Planetengetrieben

*Challenges in Terms of Structural Optimization of Planetary Gearboxes*

Aufgrund der Vielzahl an Kraftangriffspunkten am Hohlrad und der angrenzenden Gehäusestruktur, der ungleichmäßigen Belastung sowie der direkten Wirkung der Umgebungssteifigkeit auf die Lastaufteilung ist eine direkte Anwendung vorhandener Strukturoptimierungsmethoden auf die Optimierung des Getriebegehäuses von Planetengetrieben nicht möglich. Im Rückschluss belegen die aufgezeigten Effekte und Randbedingungen, dass eine Strukturoptimierung der Gehäusestruktur in Planetengetrieben nur in Kombination mit einer Analyse der Lastaufteilung und Lastverteilung erfolgen kann.

## 2.5 Fazit

*Conclusion*

Aufgrund der Leistungsaufteilung auf mehrere Zahneingriffe weisen Planetengetrieben bauartbedingt höhere Leistungsdichten auf als einfache Stirnradgetriebe und werden daher vermehrt eingesetzt [KLOC17]. Eine weitere Steigerung der Leistungsdichte kann durch den Einsatz weiterer Planeten, dünnwandigerer und damit flexiblerer Radkränze oder der Optimierung des Verzahnungsumfeldes erfolgen. All diese Maßnahmen wirken sich dabei auf das Einsatzverhalten der Getriebestufe aus und müssen in der Auslegung berücksichtigt werden, um zusätzlich die Anforderungen nach hohen Lebensdauern und einer geringen Geräuschanregung zu erfüllen.

Die Berücksichtigung der gegenseitigen Beeinflussung der Zahneingriffe durch strukturelle Verformungen sowie Verformungen des Verzahnungsumfeldes kann mit Hilfe von Zahnkontaktanalysen erfolgen. Hierzu eignen sich insbesondere FE-basierte Methoden, da diese in der Lage sind, geometrisch komplexe Strukturelemente und das Verformungsverhalten dünnwandiger Radkränze abzubilden. Die FE-basierte Zahnkontaktanalyse FE-Stirnradkette wurde in vorangegangenen Arbeiten um die Abbildung von Innenverzahnungen und um die Anbindung geometrisch komplexer Radkörperstrukturen erweitert, ist derzeit jedoch nicht in der Lage, das Einsatzverhalten von Planetengetrieben zu bestimmen. Zudem gibt es keine Möglichkeit der Berücksichtigung von Gehäusestrukturen oder des Planetenträgers.

Vorangegangene Untersuchungen an Planetengetrieben fokussieren sich insbesondere auf die Lastaufteilung oder die Zahnverformung aufgrund geänderter Steifigkeitsverhältnisse oder Abweichungen von der idealen Ausrichtung [SFAR11, NEUB16]. Detaillierte Untersuchungen bezüglich des Anregungsverhaltens von Planetengetrieben liegen im Bereich des Einflusses der Phasenverschiebung vor [RÜSC04, PAPI14, PIEL20]. Weitere Einflüsse wie Radkranzstärken des Hohlrades, Achslageabweichungen oder Verformungen des Gehäuses wurden bisher kaum hinsichtlich des Einflusses auf die Anregung untersucht.

Achslageabweichungen oder Verformungen der Zentralelemente können zu über dem Umfang veränderlichen Kontaktbedingungen führen [JACO19, THEL19, FING20]. Hierdurch variiert die Lastaufteilung auf die einzelnen Planeten und die Lastverteilung auf der Zahnflanke in Abhängigkeit der Getriebestellung. Die ISO 6336 empfiehlt die variierende Lastaufteilung als Lastkollektiv zu betrachten, beschreibt jedoch kein Vorgehen für die Berücksichtigung variabler Lastverteilungen über der Zahnbreite [ISO19c]. Die wechselnde Höhe der Beanspruchungen und insbesondere der wechselnde Ort der Beanspruchung kann über lokale Schadensmodelle abgebildet werden [SFAR11, ZIEG11]. SFAR betrachtete für diesen Fall den Einfluss von Zentralelementverlagerungen, führt jedoch die Optimierung der Zahnflankengeometrie nur für eine Getriebestellung durch und so nicht für die Gesamtheit der auftretenden Beanspruchungen [SFAR11].

Zahnflankenkorrekturen eignen sich zur Optimierung des Einsatzverhaltens von Verzahnungen durch die Kompensation von lastbedingten Verlagerungen und Verformungen. Der optimale Wirkbereich der Korrektur ist dabei abhängig von der Änderung der Verformungs- und Verlagerungssituation. In Planetengetrieben mit hoher Leistungsdichte treten höhere lastabhängige Verformungen auf, sodass der Wirkbereich von

Zahnflankenkorrekturen stark eingeschränkt ist. NEUBAUER empfiehlt daher die angepasste Auslegung der Sonnenradtorsion und der Verformung der Baugruppe Planetenrad, Planetenbolzen und Planetenträger, sodass sich Verformungen ausgleichen können [NEUB16]. Eine Anwendung der Vorgehensweise auf weitere Komponenten wie das Hohlradgehäuse fand bisher nicht statt.

Strukturoptimierungen bieten Ansätze zur Auslegung des Hohlradgehäuses, sind jedoch derzeit nicht in der Lage, die Gegebenheiten in Planetenstufen korrekt zu berücksichtigen. Insbesondere die Berücksichtigung der Wechselwirkungen zwischen Struktursteifigkeit und Lastverteilung und Lastaufteilung für unterschiedliche Getriebestellungen ist dabei entscheidend.

# 3 Zielsetzung und Vorgehensweise

*Objective and Approach*

Das Einsatzverhalten von Planetengetrieben wird durch Fehlstellungen der Getriebeglieder in Form von Achslageabweichungen sowie durch Verformungen der Getriebeelemente beeinflusst [INAL09, SFAR11, HEID12, NEUB16, PLÖG19, TRAG22]. Die Achslageabweichungen können dabei von außen in das System als Verlagerung, durch Querkräfte, Biegemomente oder Toleranzen der positionsbestimmenden Komponenten, sowie als Verformungen resultierend aus inneren Kräften aus den Verzahnungen hervorgerufen werden. Einflüsse aus inneren Mechanismen können durch weitere leistungssteigernde Maßnahmen wie einer Reduktion der Radkranzstärke oder der Verwendung weiterer Planeten verstärkt werden. Insbesondere die gegenseitige Beeinflussung der Eingriffe durch strukturelle elastische Verformungen und Lastausgleichseffekte muss dabei berücksichtigt werden sowie positionsabhängige Auswirkungen der Verlagerung von Zentralelementen.

Das Ziel dieser Arbeit ist es, die technisch relevanten elastischen inneren Verformungen und äußeren Verlagerungen zu identifizieren und deren Auswirkungen auf das Anregungs- und Lastaufteilungsverhalten in Planetengetrieben zu spezifizieren. Die so gewonnen Erkenntnisse sollen in Form einer Auslegungsmethode abbildbar und damit für die Auslegung und Nachrechnung nutzbar gemacht werden. Fokussiert in der Auslegung werden dabei einerseits die Reduktion der Auswirkungen von Verformungen und Verlagerungen auf das Einsatzverhalten durch eine angepasste Zahnflankengeometrie, sowie die Reduktion der Verformung selbst durch eine gezielte Auslegung des Verzahnungsumfeldes. So sollen Unsicherheiten bei der Auslegung elastischer Planetengetriebe reduziert werden, um weiteres Potenzial zur Leistungsdichtesteigerung nutzen zu können.

Die zugrunde liegende Forschungshypothese lautet:

*Die Auswirkungen höherer Elastizitäten des Hohlrades und des Verzahnungsumfeldes auf das Einsatzverhalten von Planetengetrieben können durch eine gezielte Auslegung des Getriebesystems kompensiert und die Leistungsdichte so gesteigert werden.*

Hierzu werden im Rahmen dieser Arbeit drei Forschungsfragen beantwortet:

- Welche elastischen Verformungen und Verlagerungen treten in Planetengetrieben auf und welchen Einfluss haben diese auf das Anregungs- und Lastverhalten?
- Wie kann das Einsatzverhalten von Planetengetrieben mit hohen elastischen Verformungen und Verlagerungen unter Berücksichtigung der Wechselwirkungen des Mehrfacheingriffes vorhergesagt werden?
- Wie kann das Einsatzverhalten von Planetengetrieben über Zahnflankenmodifikationen und eine gezielte Auslegung der Umgebungsstruktur verbessert werden?

Die Beantwortung der ersten Forschungsfrage erfolgt dabei experimentell unter Verwendung zweier unterschiedlicher Prüfaufbauten. Initial werden Untersuchungen an einer Forschungswindenergieanlage zur Analyse der äußeren Einflüsse in Form von Windlasten auf das Verlagerungs-, Lastauf- und -verteilungsverhalten in Kapitel 4 vorgestellt. Der Fokus liegt dabei auf der Identifikation und dem Nachweis der Signifikanz elastischer Verlagerungen aus äußeren Lasten auf das Einsatzverhalten in realen technischen Systemen.

Zur detaillierten Analyse der zuvor identifizierten Verformungen und Verlagerungen wird eine Messzelle entwickelt und an dieser umfassende Untersuchungen zum Einfluss auf das Einsatzverhalten durchgeführt, siehe Kapitel 5. Zusätzlich zu den Achslageabweichungen werden Einflussgrößen auf die Wechselwirkungen des Mehrfacheingriffes experimentell untersucht. Der Fokus liegt dabei auf leistungsdichtesteigernden Maßnahmen in Form von einer erhöhten Planetenanzahl sowie einer reduzierten Hohlradkranzstärke.

Die Beantwortung der zweiten Forschungsfrage erfolgt über die Erweiterung der FE-Stirnradkette, um die Abbildbarkeit von elastischen Planetengetrieben in Kapitel 6. Hierzu wird die Zahnkontaktanalyse um die Abbildung der Planetengetriebekinematik sowie die Berücksichtigung der Wechselwirkungen des Mehrfacheingriffes erweitert. Um Verformungen des Verzahnungsumfeldes und daraus resultierende Verlagerungen der Zahneingriffe zu berücksichtigen, werden Strukturelemente in die Bestimmung der Einflusszahlen einbezogen und eine Schnittstelle zur Vorgabe von Achslageabweichungen vorgesehen. Zur Berücksichtigung des Einflusses der über dem Umfang veränderlichen Lastverteilung über der Zahnbreite auf die Tragfähigkeit wird zudem eine lokale Schadensakkumulation implementiert. Hierdurch wird in Erweiterung zur ISO 6336 eine Kollektivbetrachtung für innere Lastkollektive ermöglicht, welche bei gleicher äußerer Belastung durch positionsabhängige Auswirkungen der Achslageabweichungen entstehen [ISO19a]. In Kapitel 7 werden die Ergebnisse der erweiterten Zahnkontaktanalyse den Messergebnissen gegenübergestellt und die Methode validiert.

Die dritte Forschungsfrage wird mithilfe der validierten Zahnkontaktanalyse beantwortet. Hierzu wird in Kapitel 8 zunächst eine Optimierung des Einsatzverhaltens über Zahnflankenkorrekturen für unterschiedliche Laststufen und Verlagerungssituationen am Beispiel des Eingangs in Kapitel 4 verwendeten Windgetriebes durchgeführt. Hierbei werden sowohl innere als auch äußere Lastkollektive berücksichtigt. Die so gewonnenen Ergebnisse zeigen das Potenzial der aktuellen Vorgehensweise der Auslegung unter Verwendung der Erkenntnisse aus den vorangegangenen Kapiteln. In Kapitel 9 wird eine Methode zur Auslegung der Gehäusestruktur des Hohlrades vorgestellt. Hierzu wird eine Formoptimierung unter Verwendung der erweiterten Zahnkontaktanalyse durchgeführt, sodass die Rückwirkungen der Gehäusestruktur auf das Einsatzverhalten der Verzahnung direkt bewertet werden können. Ziel ist es, die Form des Gehäuses so anzupassen, dass das Einsatzverhalten der Getriebestufe optimiert und gleichzeitig Gewicht gespart werden kann.

Die *wissenschaftliche* Fragestellung dieser Arbeit umfasst dabei den Einfluss der Wechselwirkungen des Mehrfacheingriffes sowie von Verformungen und Verlagerungen auf das Einsatzverhalten von Planetengetrieben. Als weiterer Punkt ist die Auslegung des Verzahnungsumfeldes anhand der Auswirkungen auf den Zahneingriff zu nennen. Aus *wirtschaftlichen* Gesichtspunkten soll die Arbeit insbesondere in Form der entwickelten Methoden einen Beitrag zur weiteren Steigerung der Leistungsdichte und damit der Kosten- und Energiereduktion durch die bessere Beherrschbarkeit auftretender Effekte in elastischen Planetengetrieben liefern.

# 4 Analyse des Einflusses elastischer Verformungen auf die Lastaufteilung und -verteilung einer Windenergieanlage

*Analysis of the Influence of Elastic Deformations on the Load Sharing and Distribution of a Wind Turbine*

Zum Nachweis des Auftretens und zur Bestimmung der Ausprägung und des Einflusses von elastischen Verformungen auf das Einsatzverhalten in kommerziellen Getrieben werden Untersuchungen an einer Windenergieanlage durchgeführt. Im Rahmen der Arbeit wird die Planetenstufe der FVA-Gondel fokussiert, welche im Vorhaben FVA 730 detailliert am Center for Windpower Drives (CWD) untersucht wurde [JACO19]. **Bild 12** gibt einen Überblick über den Prüfaufbau sowie den Aufbau des Getriebes der Windenergieanlage. Die verwendete Gondel entspricht einer NM 80/2750 NEG Micon Anlage mit einer Nennleistung von 2,75 MW, welche zuvor 12 Jahre an der deutschen Nordseeküste in der Nähe von Husum zur Stromproduktion verwendet wurde [JACO19].

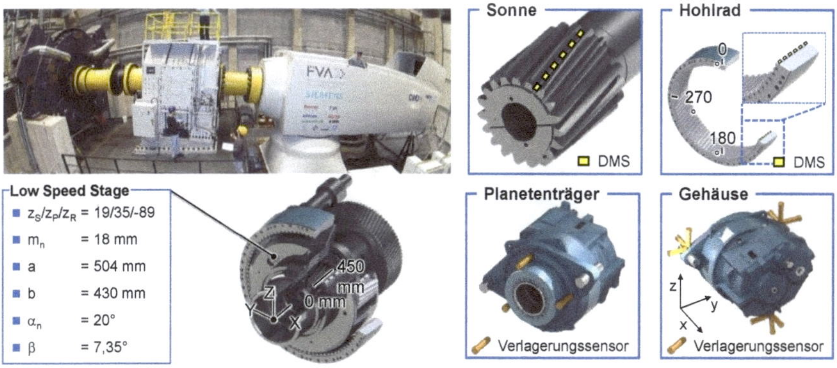


**Bild 12:** Aufbau und relevante Messstellen der FVA Gondel

*Structure and Relevant Measuring Positions of the FVA Nacelle*

Der Rotor der Windenergieanlage wird am Prüfstand über die Kombination des Antriebsmotors und der None-Torque-Load Unit (NTL) simuliert. Durch die verbaute Aktuatorik innerhalb der NTL können Querkräfte und Biegemomente auf die Rotornabe aufgebracht und so Queranströmungen und weitere aerodynamische Effekte wie der Turmvorstau abgebildet werden [MATZ22]. Um den Einfluss unterschiedlicher Windlasten auf die Planetenstufe zu erfassen, wurde unter anderem Sensorik zur Messung der Zahnfußspannungen des Sonnen- und Hohlrades sowie zur Messung der Verlagerung einzelner Komponenten und des Gesamtgetriebes eingesetzt [JACO19].

Das verbaute Getriebe besteht aus einer Planetenstufe sowie zwei nachgelagerten Stirnradstufen und ist ein ehemals kommerziell vertriebenes Getriebe der Firma

Winergy. Die Planetenstufe, welche im Fokus dieser Arbeit steht, weist einen Normalmodul von $m_n$ = 18 mm und eine Gesamtübersetzung von $i_{ges}$ = 5,68 auf. Es sind insgesamt drei Planeten symmetrisch über dem Umfang verteilt. Zu Beginn des Vorhabens wurde die Mikrogeometrie aller Verzahnungen bis auf das Hohlrad neu ausgelegt. Im Anschluss wurden die Verzahnungen bis auf das Hohlrad neu gefertigt und im Getriebe verbaut, um von den Messergebnissen nicht auf die Auslegungsstrategie des ursprünglichen Herstellers schließen zu können, vgl. **A 2**. [BREC17a, JACO19]

Das Getriebegehäuse wird an zwei Stellen über eine Drehmomentstütze mit dem Hauptrahmen der Anlage verbunden, vgl. **Bild 13**. Die Drehmomentabstützung findet dabei auf Höhe der Planetenstufe statt. Der Getriebeschwerpunkt liegt aufgrund der beiden Stirnradstufen hinter der Drehmomentstütze. Hieraus resultiert ein Biegemoment um die Anbindung zum Hauptrahmen, welches zu einem Verkippen des Gehäuses führt. Das Hohlrad ist Teil des Gehäuses und das Sonnenrad in diesem gelagert, sodass beide Elemente ebenfalls verkippen. Der extern über das Hauptlager gelagerte Planetenträger hingegen verbleibt relativ starr in seiner Position, sodass sich eine relative Schiefstellung zwischen Planetenträger und den anderen beiden Zentralelementen ergibt. Die Auswirkung der Schiefstellung auf die Beanspruchung in der Planetenstufe kann über die im Sonnen- und Hohlradzahnfuß verbauten Dehnungsmessstreifen erfasst werden.

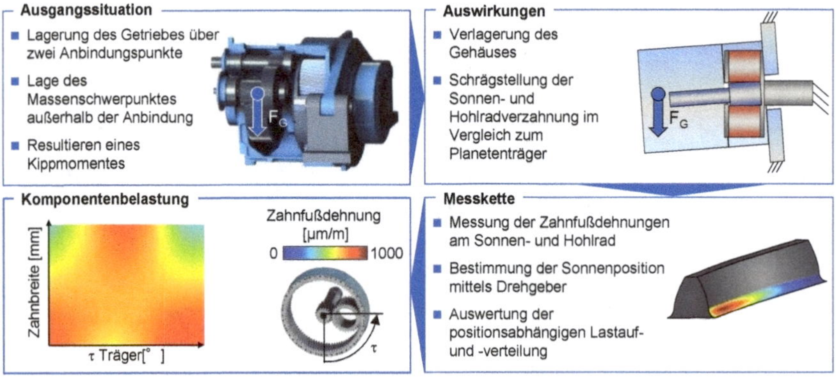


**Bild 13:** Ursache des Auftretens von Achslageabweichung und deren Messung

*Cause of the Occurrence of Misalignment and Its Measurement*

Da der Eingriff des Sonnenradzahns, welcher mit DMS versehen wurde, an unterschiedlichen Winkelstellungen erfolgt, kann zunächst die Zahnfußdehnung und auch nachfolgend die Lastverteilung positionsabhängig bestimmt werden. Zur Lokalisierung der Winkellage wird ein Drehgeber eingesetzt. Parallel werden über Verlagerungssensoren im Getriebegehäuse sowie im Maschinenrahmen die Verlagerungen des Planetenträgers sowie des Gesamtgetriebes bestimmt [JACO19].

## 4.1 Analyse der Lastverteilung in der FVA Gondel

*Analysis of the Load Distribution of the FVA Nacelle*

Nachfolgend werden die Ergebnisse der Lastverteilungsanalyse und die zugrundeliegenden Verlagerungen des Planetenträgers und des Getriebegehäuses vorgestellt. Hierbei wird zunächst der Referenzzustand, ohne zusätzliche Querkräfte und Biegemomente, analysiert. Im Anschluss werden diese gezielt variiert und eine Einflussanalyse durchgeführt. Die vorherrschenden Verlagerungen resultieren dabei aus der elastischen Verformung der Getriebeanbindung sowie weiterer Komponenten wie dem Maschinenträger und dem Hauptlager, welche die Querkräfte und Biegemomente abstützen.

Die Zahnfußdehnung am Sonnenrad ist in **Bild 14** oben links über dem Trägerwinkel und der Zahnbreite dargestellt. Die Zahnfußdehnung ist dabei in erster Näherung proportional zur Zahnfußspannung und gibt damit einen Aufschluss über die Lastverteilung auf der Zahnflanke. Zu erkennen ist ein positionsabhängiges Tragverhalten. Es kommt in Abhängigkeit der Trägerposition zu einer Änderung des Dehnungswertes sowie zu einer Änderung des Ortes der maximalen Dehnung. Die maximalen Dehnungen treten dabei an der Trägerposition $\tau$ = 150° und $\tau$ = 330° am Rand der Verzahnung auf, was auf Kantenträger schließen lässt. Dabei wechselt der belastete Rand der Zahnflanke. Der Übergang zwischen beiden Maxima ist dabei kontinuierlich, so dass Bereiche mit gleichmäßiger Verteilung der Dehnung über der Zahnbreite auftreten. Dies zeigt auch, der aus den Dehnungen ermittelte Lastverteilungsfaktor $K_{F\beta}$, welcher im rechten oberen Diagramm über dem Trägerwinkel dargestellt ist, vgl. Bild 14. In den Bereichen $\vartheta$ = 80° und $\vartheta$ = 200° kann eine annähernde ideale Lastaufteilung mit $K_{F\beta} \approx 1$ beobachtet werden. Die beiden Maxima weisen zudem andere Maximalwerte auf. Während sich an der Position $\vartheta$ = 150° ein Wert von $K_{F\beta} \approx 1{,}15$ einstellt, weist das zweite Maximum einen Lastaufteilungsfaktor von $K_{F\beta} \approx 1{,}3$ auf.

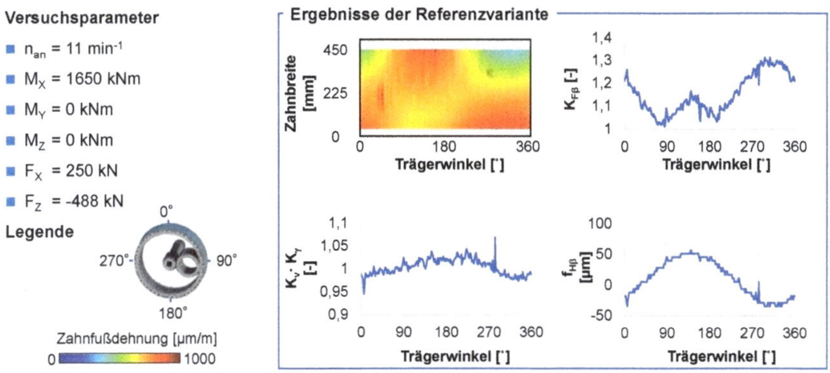


**Bild 14:** Ergebnisse der Referenzvariante ohne zusätzliche Biegemomente und Querkräfte

*Results of the Reference Variant Without Additional Bending Moments and Shear Forces*

Um mehr Informationen aus den gemessenen Dehnungen zu gewinnen, werden diese einem Postprocessing unter Verwendung der FE-STIRNRADKETTE zugeführt. Hierzu wird über eine Variantenrechnung das Drehmoment sowie die Flankenlinienwinkelabweichung im Sonnen-Planeten Kontakt variiert und die jeweils resultierende Zahnfußdehnung über der Zahnbreite bestimmt. Über eine mehrdimensionale Interpolation ergibt sich ein Kennfeld, was den Zusammenhang der Größen abbildet. Die gemessenen Zahnfußdehnungen werden mit diesem Kennfeld verglichen. Neben direkten Informationen zur Lastverteilung kann so das in jedem Messpunkt anliegende Drehmoment sowie die Flankenlinienwinkelabweichung als Maß der Verlagerung approximiert werden. Ferner ist mit der Kenntnis der Drehmomentenschwankung eine Ermittlung des Produktes der Lastaufteilungsfaktoren $K_V \cdot K_\gamma$ möglich, vgl. Bild 14. Die genaue Vorgehensweise ist im Abschlussbericht des Vorhabens FVA 730 beschrieben [JACO19].

Die Darstellung der Lastaufteilungsfaktoren erfolgt im unteren linken Diagramm und zeigt trotz der starken Änderung der Lastverteilung nur geringe Schwankungen und niedrige Werte, vgl. Bild 14 mittig unten. Das bedeutet, dass vermutlich aufgrund der einstellbeweglichen Sonne ein Lastausgleich zwischen den Eingriffen stattfindet, das Tragverhalten der Stufe aber dennoch negativ durch die schlechte Lastverteilung beeinflusst wird.

Die Auswertung der Flankenlinienwinkelabweichung zeigt einen angenäherten sinusförmigen Verlauf über dem Trägerwinkel. Das Maximum bzw. Minimum fällt hierbei mit dem Maximum des Lastverteilungsfaktors zusammen. Die im Absolutwert höhere Flankenlinienwinkelabweichung bei $\vartheta = 160°$ führt dabei zu einer niedrigeren Überhöhung des Lastverteilungsfaktors, da der Planet in negative Richtung korrigiert ist und die Korrektur damit entgegenwirkt.

Der sinusförmige Verlauf kann auf Grundlage der Arbeiten von WITTKE auch theoretisch nachvollzogen werden, vgl. **Bild 15** [WITT94]. Hierzu ist der feste Verlagerungswinkels $\varphi_y$ zwischen Planetenträger und Sonnen- bzw. Hohlrad, resultierend aus dem Absinken des Getriebegehäuses, in den Neigungs- und Schränkungswinkel zu zerlegen. Die Abhängigkeit der Trägerposition führt dabei zu einem sinusförmigen Verlauf des Schränkungswinkels und einem sinusförmigen Verlauf des Neigungswinkels, der zum ersteren um $\Delta\vartheta = 90°$ phasenversetzt ist. Dabei folgt, dass die resultierende Flankenlinienwinkelabweichung bei gleichem Winkelfehler bei einer Schränkung einen höheren Wert annimmt als bei einer Neigung. Die Addition beider Kurven zu einer insgesamt wirkenden Flankenlinienwinkelabweichung führt wiederum zu einem sinusförmigen Verlauf.

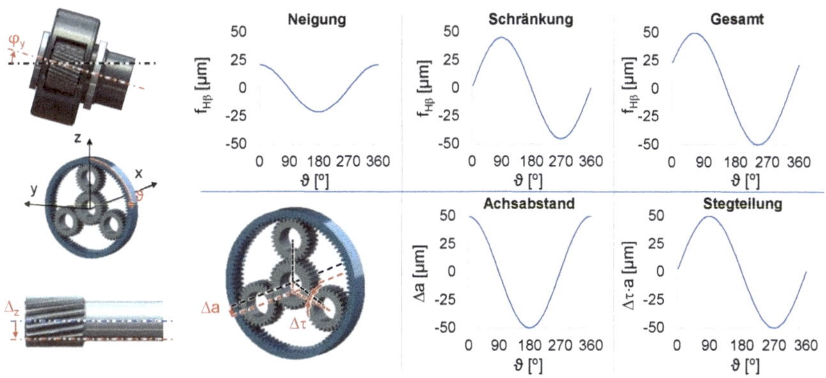


**Bild 15:** Einfluss von Verlagerungen der Zentralelemente auf den Zahnkontakt in Abhängigkeit des Trägerwinkels

*Influence of Misalignments of the Central Elements on the Tooth Contact Depending on the Carrier Angle*

Neben dem aus der Gewichtskraft resultierenden Biegemoment des Hohlradgehäuses werden ebenfalls externe Lasten am Rotorflansch mithilfe der NTL aufgeprägt und deren Einfluss auf das Verlagerungs- und Lastverteilungsverhalten untersucht. Dabei werden alle sechs Freiheitsgerade des Systems mit variablen Lasten vollfaktoriell belastet. Die Querkraft in z-Richtung von $F_z$ = -488 kN bleibt dabei konstant, da diese das Rotorgewicht simuliert.

In **Bild 16** ist der Einfluss der Biegemomente $M_z$ und $M_y$ auf die Verlagerung des Getriebegehäuses an der Generatorseite sowie die Schiefstellung des Planetenträgers dargestellt. Die Schiefstellung des Trägers wird über drei Verlagerungssensoren bestimmt, vgl. Bild 12. Dabei erfolgt für jedes Biegemoment die Auswertung der Verlagerung in der Hauptwirkrichtung. Dargestellt sind die Haupteffektdiagramme, also die Mittelwerte aller Versuche, in denen das jeweilige über die NTL aufgebrachte Biegemoment, auch überlagert mit weiteren NTL-Lasten, aufgebracht ist.

Es ist zu erkennen, dass die am Rotorflansch aufgebrachten Biegemomente sowohl die Position des Hohlradgehäuses als auch die Schiefstellung des Planetenträgers beeinflussen. Dabei tritt eine translatorische Verlagerung des Getriebegehäuses bei maximalem Biegemoment $M_z$ von bis zu y = 1,5 mm auf. Eine translatorische Verlagerung eines Zentralelementes in radiale Richtung führt dabei je nach Trägerposition zu einer Achsabstandsabweichung und/oder einem Stegteilungsfehler, vgl. Bild 15. Sowohl Stegteilungsabweichung als auch Achsabstandsabweichung beschreiben dabei ähnlich zur Flankenlinienwinkelabweichung einen periodischen Verlauf.

Zwischen dem maximalen und minimalen Biegemoment kann eine Verdrehung des Trägers im Vergleich zum Gehäuse, in dem Sonnen- und Hohlrad gelagert sind, von $\varphi_z$ = 0,015° festgestellt werden. Der Verlauf ist dabei punktsymmetrisch zum Ursprung.

Dies lässt darauf schließen, dass der Widerstand in beide Belastungsrichtungen um die z-Achse identisch ist.

**Versuchsparameter**

- $n_{an}$ = 11 $min^{-1}$
- $M_X$ = 300 - 1650 kNm
- $M_Y$ = -1000 - 1000 kNm
- $M_Z$ = -1000 - 1000 kNm
- $F_X$ = 0 - 500 kN
- $F_Y$ = 0 kN
- $F_Z$ = -488 kN

**Auswertegrößen**

- Trägerverdrehung um die z-Achse $\varphi_z$ und um die y-Achse $\varphi_y$
- Gehäuseverlagerung generatorseitig in y und z

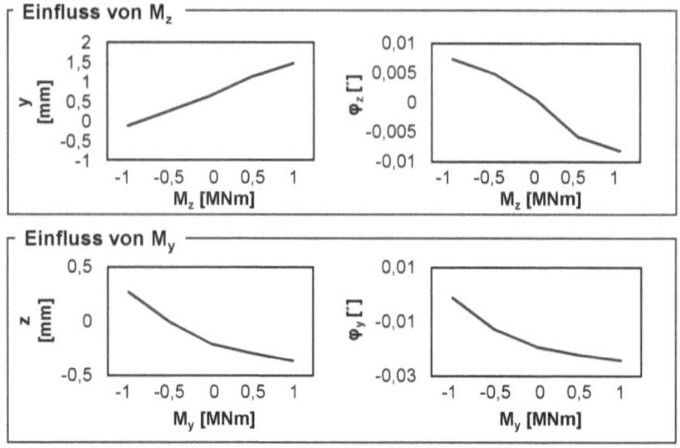


**Bild 16:** Einfluss von Biegemomenten auf die Träger- und Gehäuseverlagerung

*Influence of Bending Moments on Carrier and Housing displacements*

Im unteren Teil von Bild 16 ist der Einfluss des Biegemomentes $M_y$ um die horizontale Achse der Anlage dargestellt. Im Vergleich zum Biegemoment um die vertikale Achse treten hierbei keine annähernd linearen oder punktsymmetrischen Verlagerungen auf. Bei positiven Werten von $M_y$ senkt sich das Getriebegehäuse ab. Dabei ist der Gradient im Bereich positiver Biegemomente geringer als im Bereich negativer. Ursächlich hierfür kann das bereits schwerkraftbedingte Absinken des Gehäuses sein, wodurch vorhandene Lagerspiele bereits einseitig aufgebraucht werden. Eine weitere Verlagerung in dieselbe Richtung kann dementsprechend nur über elastische Verformungen erfolgen. Ferner kann bei einer Belastung in die Gegenrichtung zunächst das Spiel überwunden werden, bevor Verformungen erfolgen. Der Verlauf der Gehäuseverlagerung und der Trägerverdrehung hervorgerufen durch $M_y$ sind dabei vergleichbar. Im Unterschied zum Biegemoment $M_z$ werden deutlich größere Schiefstellungen von bis zu $\varphi_y$ = -0,028° erreicht.

Die Haupteffektdiagramme des Einflusses der Biegemomente auf den maximalen Lastverteilungsfaktor $K_{F\beta,max}$ sind für unterschiedliche Antriebsdrehmomente und Hohlradpositionen in **Bild 17** dargestellt. Dazu werden die Messdaten der Hohlrad-DMS herangezogen. Anders als die Messung am Sonnenrad erfolgt die Messung am Hohlrad an fixen Positionen, da dieses nicht rotiert.

Der Einfluss des Biegemomentes $M_z$ auf den Lastverteilungsfaktor $K_{F\beta,max}$ ist für die obere und untere Hohlradposition im niedrigen Lastbereich gegenläufig. Während bei negativen Werten des Biegemomentes eine vergleichsweise gute Lastaufteilung an der oberen Position vorliegt, treten an der unteren Position bei niedrigen Drehmomenten starke Lastüberhöhungen auf. Bei positiven Werten von $M_z$ tritt dieses Verhalten umgekehrt auf. Beim Drehmoment von $M_X$ >650 kNm nähern sich die Verläufe der beiden ausgewerteten Positionen einander an und zeigen vergleichbare Werte für den Lastverteilungsfaktor.

Das Verhalten bei niedrigen Lasten kann durch das in Bild 16 dargestellte Verlagerungsverhalten des Planetenträgers erklärt werden. Durch den punktsymmetrischen Verlauf erfolgt eine Schiefstellung des Planetenträgers in Abhängigkeit des Biegemomentes entweder in die eine oder andere Richtung. Dadurch ändert sich im Nulldurchgang des Biegemomentes $M_Z$ das Vorzeichen der aus der Verlagerung resultierenden Flankenlinienwinkelabweichung. Dieses ist an der oberen und unteren Position aufgrund der konstanten Schiefstellung entgegengesetzt. Die resultierende Verlagerung wird an der oberen Position bei minimalem $M_Z$ durch die aufgebrachten Flankenkorrekturen korrigiert, sodass ein vergleichsweise gutes Tragverhalten vorliegt, während an der unteren Position Korrektur und Verlagerung in dieselbe Richtung wirken. Bei positiven Biegemomenten ist dies umgekehrt. Bei höheren Antriebsdrehmomenten wird die Lastverteilung besser, da sich durch strukturelle Verformungen, wie insbesondere die Torsion des Planetenträgers und die Ausrichtung der Sonne, die Kontaktpartner zueinander ausrichten.

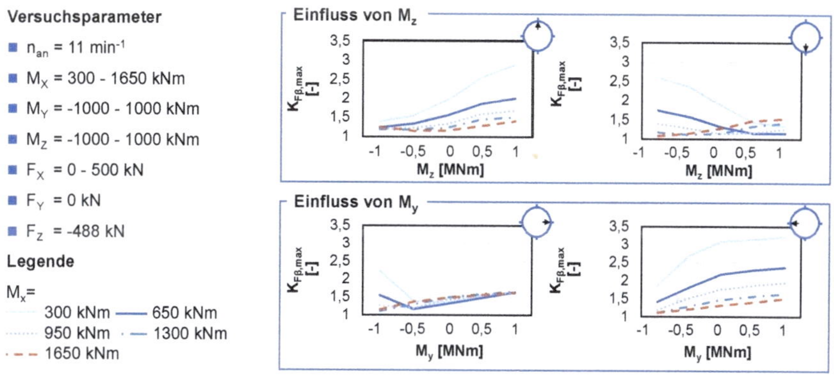


**Bild 17:** Einfluss von Biegemomenten auf den Lastaufteilungsfaktor $K_{F\beta,max}$ am Hohlrad

*Influence of Bending Moments on the Load Distribution Factor $K_{F\beta,max}$ at the Ring Gear*

Der Einfluss des Biegemomentes $M_Y$ auf den Lastverteilungsfaktor, siehe Bild 17 unten, spiegelt ebenfalls das asymmetrische Verlagerungsverhalten des Planetenträgers wider, vgl. Bild 14. Während bei negativen Biegemomenten die Verlagerung reduziert wird und sich die Lastverteilung verbessert, steigt die Verlagerung für positive Biegemomente an und die Lastverteilung verschlechtert sich. Der Unterschied in der Höhe der Werte der Lastverteilung zwischen linker und rechter Position entstammen wiederum aus dem Entgegen- bzw. Mitwirken der Korrektur.

## 4.2 Fazit

*Conclusion*

Die Ergebnisse zeigen, dass aufgrund äußerer Einflüsse in Form von Gewichtskräften und Windlasten Achslageabweichungen in der Planetenstufe der Windenergieanlage hervorgerufen werden. Zu nennen sind hierbei Fehlausrichtungen der Achsen der Zentralelemente in rotatorischer und translatorischer Richtung zueinander. Dabei tritt insbesondere eine Winkelfehlstellung von Sonnen- und Hohlrad zum Planetenträger auf, die eine positionsabhängige Lastverteilung zur Folge hat, welche im gezeigten Beispiel zu Kantenträgern und damit zu einer hohen Beanspruchung in den Randbereich führt.

Die translatorische Abweichung der Achsen der Zentralelemente in radiale Richtung wirkt sich ebenfalls über dem Umfang unterschiedlich aus. Während in Richtung der Verlagerung reine Achsabstandsabweichungen auftreten, werden diese an den übrigen Stellen zusätzlich durch resultierende Stegteilungsfehler überlagert. Beide Auswirkungen treten periodisch in Abhängigkeit der Position auf dem Umfang auf. Ursachen sind in allen Fällen Biegemomente aus äußeren Lasten, die zu einer elastischen Verformung des Gesamtsystems und damit zu einer Verlagerung des Zahnkontaktes führen. Durch die Positionsabhängigkeit der Beanspruchung, hervorgerufen aus der rotatorischen und translatorischen Verlagerung der Zentralelemente, liegt ein internes Beanspruchungskollektiv vor, welches zu wechselnden Beanspruchungen der Getriebeelemente bei gleicher äußerer Last führt.

Neben äußeren Lasten liegen zudem interne, durch die Zahnkräfte hervorgerufene Verformungen, wie die Trägertorsion und die Einstellbewegung der Sonnenradwelle, vor. Diese können am Prüfstand nicht explizit gemessen werden, führen jedoch bei steigendem Antriebsmoment $M_x$ zu einer verbesserten Lastverteilung durch Aufbrauchen der vorhandenen Flankenlinienwinkelkorrektur und Ausrichtung des Systems. Diese lastabhängigen Einflüsse können zusätzlich von Fertigungsabweichungen wie beispielsweise Stegteilungsfehlern überlagert werden.

Im Rahmen dieses Abschnittes konnten zur Beantwortung der ersten Forschungsfrage die auftretenden Verformungen und Verlagerungen in technischen Systemen aufgrund von äußeren Einflüssen wie Windlasten identifiziert und deren überlagerte Signifikanz auf das Einsatzverhalten nachgewiesen werden. Ferner gilt es zur Beantwortung des zweiten Teils der Forschungsfrage den Einfluss der identifizierten Verformungen und Verlagerungen auf das Einsatzverhalten separat zu betrachten.

# 5 Untersuchung von Einflussgrößen auf das Einsatzverhalten von Planetengetrieben im elastischen Verzahnungsumfeld

*Experimental Investigations of Influence Factors on the Excitation Behavior of Planetary Gear Stages in Elastic Surroundings*

Die Ergebnisse im vorangegangenen Abschnitt zeigen, dass sich strukturelle elastische Verformungen der Getriebeumgebung zu Verlagerungen und damit Achslageabweichungen des Zahneingriffes führen. Die Untersuchungen an der Forschungswindenergieanlage geben einen Aufschluss darüber, wie das Gesamtsystem insbesondere durch Verlagerungen aus äußeren Lasten Einfluss auf die Lastverteilung der einzelnen Zahneingriffe nimmt. Als auftretende Achslageabweichungen konnten Neigungs- und Schränkungseffekte identifiziert werden, welche aus einer Schiefstellung des Planetenträgers resultieren. Zusätzlich werden translatorische Abweichungen der Zentralelemente in radiale Richtung beobachtet, welche zu Stegteilungs- und Achsabstandsänderungen führen. Im Realsystem treten alle Effekte überlagert auf, sodass eine detaillierte Analyse der einzelnen Einflussgrößen nicht möglich ist. Zudem konnte bisher keine Aussage über den Einfluss der vorliegenden Verformungen und Verlagerungen auf das Anregungsverhalten getroffen werden, da eine Applikation von geeigneter Messtechnik zur Analyse des Anregungsverhaltens an der Windenergieanlage nicht ohne großen Aufwand möglich ist.

Ziel des folgenden Abschnittes ist daher die gezielte Untersuchung der auftretenden Achslageabweichungen und deren Einfluss auf die Lastaufteilung sowie das Anregungsverhalten. Zusätzlich zu den von außen hervorgerufenen Verlagerungen, werden interne Einflussgrößen untersucht. Hierbei wird der Aspekt der Leistungsdichtesteigerung durch zusätzliche Planeten sowie geringerer Radkranzstärken des Hohlrads adressiert. Bei beiden Einflussgrößen wird eine stärkere gegenseitige Beeinflussung der Eingriffe durch strukturelle Verformungen aufgrund räumlicher Nähe der sowie geringeren Steifigkeiten vermutet.

Zur Untersuchung der genannten Aspekte wird im ersten Abschnitt des Kapitels eine Messzelle entwickelt, welche es ermöglicht, die Auswirkungen der elastischen Verformungen gezielt einzustellen und zu untersuchen. Im Anschluss werden die Ergebnisse der Untersuchungen aufgeschlüsselt nach Einflussgrößen vorgestellt. Abschließend werden die Erkenntnisse in einem Fazit zusammengefasst.

## 5.1 Modulare Prüfzelle zur Messung des Anregungs- und Verformungsverhaltens

*Modular Test Rig for the Measurement of Excitation and Deformation Behavior*

Die Charakterisierung des Anregungs-, Lastaufteilungs- und Verformungsverhaltens erfolgt an einer neu entwickelten Planetengetriebemesszelle. Die Messzelle beruht auf dem Konzept von PIEL und wird derart angepasst, dass der Planetenträger drehbar gelagert und das Hohlrad gehäusefest ist [PIEL20]. Da durch diese Anpassungen weitreichende Änderungen in der konstruktiven Gestaltung notwendig sind, wird die Messzelle gänzlich neu gefertigt. Die Hauptanforderung an den Prüfstandsaufbau ist die Ermöglichung der Untersuchung des Anregungs- und Verlagerungsverhaltens von Planetengetrieben bei der gezielten Variation unterschiedlicher Einflussfaktoren. Die zu variierenden Einflussfaktoren beinhalten dabei die gezielte Einstellung von Achslageabweichungen, eine Variation der Hohlradradkranzdicke und die Untersuchung unterschiedlicher Planetenradanzahlen.

### 5.1.1 Vorstellung der Messzelle

*Presentation of the Test Rig*

Die Planetengetriebemesszelle wird analog zum Aufbau nach PIEL als offenes Getriebe mit steif ausgeführten Lagerböcken auf einer Grundplatte ausgeführt, vgl. **Bild 18** [PIEL20]. Grund für diese Ausführung ist einerseits die leichte Zugänglichkeit der Verzahnungen für Tragbildkontrollen und zum Wechsel der Verzahnungen. Andererseits ergibt sich durch das offene Konzept die Möglichkeit, Sensorik nah am Zahneingriff und ohne Einschränkungen durch umliegende Bauteile, wie bei einem geschlossenen Gehäuse, anzubringen. Der Abtrieb oder wahlweise Antrieb erfolgt über die Sonnenradwelle, welche einseitig über zwei vorgespannte Kegelrollenlager gelagert wird. Durch das Lagerkonzept ergibt sich die Möglichkeit, das Sonnenrad spielfrei zu lagern, durch die einseitige Einspannung wird zudem ein Lastausgleich durch Verformung der Welle zugelassen. Auf eine frei bewegliche Lagerung des Sonnenrades, wie diese häufig in der industriellen Praxis über eine Bogenzahnkupplung realisiert wird, wird verzichtet. Ausschlaggebend sind hierbei die nicht bekannte und lastabhängige Steifigkeit sowie reibungsbedingte Kraftkomponenten im Flankenkontakt der Bogenzahnkupplung, die nicht im Fokus dieser Arbeit stehen.

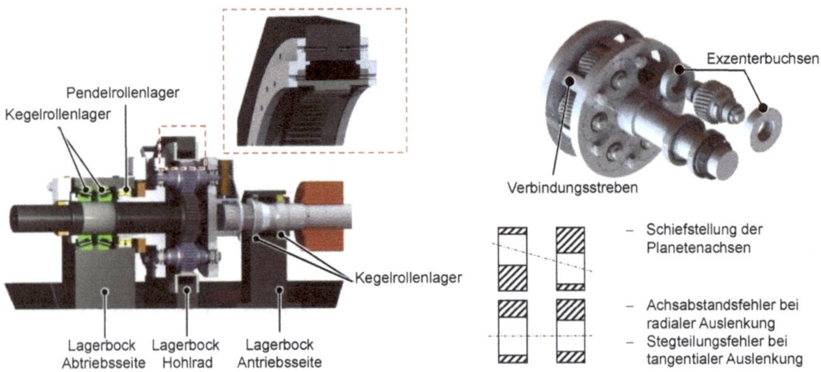


**Bild 18:** Aufbau der Planetengetriebemesszelle

*Structure of the Planetary Gear Test Rig*

Der Antrieb bzw. Abtrieb erfolgt dementsprechend über den Planetenträger, in welchen bis zu sechs Planeten montiert werden können. Beide Stegwangen wurden separat gefertigt und über Stege miteinander verschraubt. Die Lagerung erfolgt auf der Sonnenseite über ein zweireihiges Pendelrollenlager, an der Planetenträgerwelle über eine angestellte Kegelrollenlagerung. Das Hohlrad wird in einem geteilten Gehäuse über zwei dünnwandig ausgeführte Ringe montiert. Aufgabe der Ringe ist es, die Wirkung der Gehäusesteifigkeit auf die Verformung des Hohlrades weitestgehend zu reduzieren. Das Hohlrad soll in der Lage sein, sich frei zu verformen, sodass der Einfluss unterschiedlicher Hohlradkranzdicken untersucht werden kann.

Eine wesentliche Anforderung an die Messzelle stellt die Abbildung unterschiedlicher Achslageabweichungen als Resultat der elastischen Verformungen dar. Kernelement zur Umsetzung ist die Lagerung der Planetenräder im Planetenträger. Die Planeten werden als Ritzelwellen ausgeführt und beidseitig über Pendelrollenlager gelagert. Die Lagerung erfolgt hierbei nicht direkt in den Stegwangen sondern mit Hilfe zusätzlicher exzentrisch ausgeführter Lagerbuchsen. Durch die Verdrehung der Exzenter kann die Achslage der Planetenradachse im montierten Zustand angepasst werden, um gezielt Achslageabweichungen aufzuprägen, vgl. Bild 18 rechts. Eine gegensinnige Ausrichtung der Exzenter in linker und rechter Wange versetzt um 180° ergibt eine Schiefstellung der Planetenradachse, wie sie beispielsweise durch die Trägertorsion hervorgerufen wird. Eine gleichsinnige Verdrehung beider Exzenter einer Planetenradachse um 180° ergibt im Vergleich zu den übrigen Planeten einen Stegteilungsfehler. Die abtriebsseitigen Exzenter sind dabei größer ausgeführt als der Kopfkreis der Planetenräder, sodass einzelne Planetenräder im montierten Zustand aus dem Planetenträger entfernt werden können. Hierdurch kann der Montageeinfluss zwischen den Versuchen mit unterschiedlicher Planetenradanzahl möglichst geringgehalten werden.

### 5.1.2 Beschreibung der Messgrößen und Messpositionen

*Description of the Measured Parameters and Measuring Positions*

Das Anregungsverhalten des Getriebesystems wird mit Hilfe des Drehfehlers bewertet. Hierzu werden am Sonnenrad, am Planetenträger sowie an einem Messplaneten Drehgeber montiert, vgl. **Bild 19**. Die Messung des Planetendrehwinkels bedingt, dass der Abtastkopf des Geberrades auf dem drehenden Planetenträger montiert werden muss. Um das Signal an das statische DAQ-System zu übertragen, wird ein Schleifring der Firma Rietech eingesetzt. Die verwendeten Drehgeber der Firma Baumer Huebner mit der Modellbezeichnung MHGE nutzen ein magnetisches Messprinzip. Vorteil der magnetischen gegenüber optischen Drehgebern ist die Möglichkeit des Einsatzes in Öl, Nachteil ist die geringere Anzahl der Impulse pro Umdrehung. Zur Messdatenaufbereitung wird daher ein Interpolator der Firma Baumer Huebner mit der Bezeichnung HAEG 100 verwendet, welcher das analoge Sinussignal der Magnetspur in ein höher aufgelöstes digitales TTL Signal überführt. Die höhere Auflösung ist hierbei durch die Bewertung der Änderung der Steigung des Sinussignals möglich, wodurch sich eine gemessene Signalauflösung von 8192 Impulsen pro Umdrehung an jedem Drehgeber ergibt. Das Signal wird mit einer Rate von $f_{Abtast}$ = 50 kHz abgetastet. Als Datenerfassungssystem wird ein System der Firma Rotec verwendet, welches die zeitlich synchrone Messung aller angeschlossenen Sensoren ermöglicht. Durch die Software des Anbieters kann über die Differenzdrehsignale und die vorliegende Übersetzung direkt der Drehfehler zwischen zwei Getriebeelementen ermittelt werden.

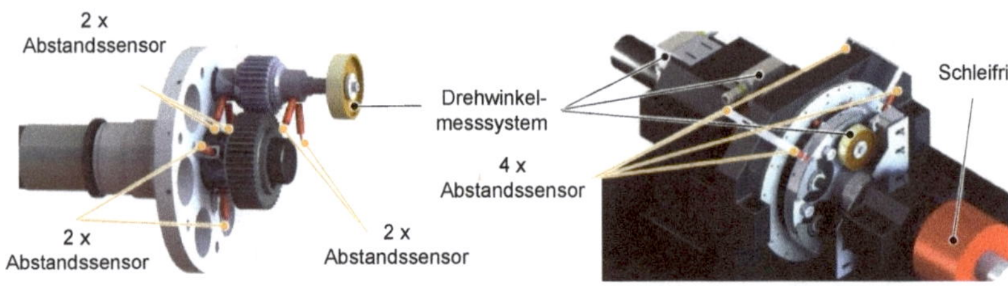


**Bild 19:** Messpositionen und verwendete Sensorik

*Measurement Positions and Sensors*

Neben der Drehungleichförmigkeit wird ebenfalls die lastbedingte Verlagerung einzelner Getriebekomponenten erfasst. Hierzu sind in Summe zehn Näherungssensoren des Typs Contrinex DW-AS-509 mit einer statischen Auflösung von $\Delta d_{stat}$ < 0,1 µm für Frequenzen unterhalb von $f_{stat}$ = 20 Hz appliziert. Vier Verlagerungssensoren sind am Hohlradgehäuse befestigt und messen dessen relative Verlagerung zu linken und rechten Trägerwange. Die zwei Sensoren pro Seite sind dabei in einem Winkel von $\varphi_{Sensor}$ = 90° angeordnet. Zwei weitere Verlagerungssensoren sind mitdrehend an der antriebsseitigen Trägerwange montiert und vermessen die Verlagerung des Sonnenrades relativ zum Planetenträger. Die Verlagerung des Planetenrades wird über vier mitdrehende Sensoren erfasst, von denen jeweils zwei auf jeder Trägerwange montiert sind. Aufgrund der begrenzten Anzahl an Kanälen, die mit Hilfe des Schleifringes übertragen werden können, können die Messwerte nur von zwei Sensoren am Planetenrad zeitgleich erfasst werden.

Das Spannungssignal der Abstandssensoren wird zeitsynchron zur Drehwegabweichung mit einer Abtastfrequenz von $f_{Abtast}$ = 5 kHz erfasst. Über eine hinterlegte Funktion kann die gemessene Spannung direkt dem vorliegenden Abstand zugeordnet werden. Hierzu wird der Zusammenhang zwischen dem Abstand des Sensors zur Oberfläche des zu messenden Körpers und der ausgegebenen Spannung vorab mit Hilfe von Distanzscheiben ermittelt. Eine Referenzmessung erfolgt zu Beginn jeder Messkampagne ohne Drehmoment, um die lastfreie Position der Sensoren zu bestimmen.

Zusätzlich zur Verlagerungs- und Drehfehlermessung werden auf dem Radkörper des dünnwandigen, schrägverzahnten Hohlrades DMS appliziert, um die auftretenden Radkörperspannungen und deren Verteilung zu bestimmen. Zur Ermittlung der Spannungsverteilung über der Radkörperbreite werden an jeder Messposition vier DMS in Breitenrichtung appliziert. Um den Einfluss ungleicher Lastverteilungen über dem Umfang des Hohlrades bewerten zu können, werden insgesamt vier Messpositionen, verteilt über dem halben Hohlradumfang vorgesehen, siehe **A 1**. Aufgrund der symmetrischen Konstruktion der Messzelle um die vertikale Achse und die Vielzahl der Messstellen wird auf eine Applikation auf dem vollen Hohlradumfang verzichtet.

### 5.1.3 Charakterisierung der Prüfverzahnung

*Characterization of Test Gears*

Das Ziel der Untersuchungen an der Messzelle ist die Bestimmung der aus höherer Elastizität resultierenden Einflüsse auf das Anregungs- und Verlagerungsverhalten. Neben der Kenntnis der Positionierung der einzelnen Getriebeglieder ist dabei insbesondere die Makro- und Mikrogeometrie der verwendeten Verzahnung relevant, um die entstehenden Effekte einzuordnen. Daher werden die verwendeten Prüfverzahnungen nachfolgend vorgestellt.

Für die Untersuchungen wurden eine Gerad- und eine Schrägverzahnung mit unterschiedlicher Zähnezahl verwendet. Normalmodul sowie Eingriffswinkel wurden konstant gehalten. Die Verzahnungsdaten der beiden Varianten sind **Tabelle 5-1** zu entnehmen.

**Tabelle 5-1:** Verzahnungsdaten

| | Geradverzahnung | Schrägverzahnung |
|---|---|---|
| Zähnezahl Sonne [-] | 47 | 43 |
| Zähnezahl Planet [-] | 28 | 29 |
| Zähnezahl Hohlrad [-] | -103 | -101 |
| Achsabstand a [mm] | 112,5 | 112,5 |
| Normalmodul $m_n$ [mm] | 3 | 3 |
| Normaleingriffswinkel $\alpha_n$ [°] | 20 | 20 |
| Schrägungswinkel $\beta$ [°] | 0 | 12 |
| Zahnbreite [mm] | 45 | 45 |
| Anzahl Planeten | 1; 3; 6 | 1; 3; 6 |

Die Radkranzstärken des Hohlrades sind so gewählt, dass diese dem fünffachen des Normalmoduls entsprechen. Zusätzlich wurde ein schrägverzahntes Hohlrad mit einem dünneren Radkranz mit $s_r = 3\ m_n$ gefertigt, um den Einfluss der höheren Elastizität abzubilden. Sowohl für das gerad- als auch das schrägverzahnte Getriebe liegt aufgrund der Zähnezahlen eine sequentielle Eingriffsfolge vor. Die Gesamtübersetzungen der Getriebe beträgt $i_{gerad} = 3{,}19$ und $i_{schräg} = 3{,}35$.

Die Sonnen- und Planetenräder wurden am Werkzeugmaschinenlabor entsprechend der konventionellen Prozesskette aus Vorverzahnen, Einsatzhärten und Verzahnungsschleifen gefertigt. Als Material wurde der Einsatzstahl 16MnCr5 verwendet. Die Hohlradverzahnungen wurden aufgrund eines zu großen Außendurchmessers für die Fertigung auf eigenen Maschinen extern eingekauft. Die beiden Varianten mit dickwandigem Hohlradkranz wurden geschält. Das dünnwandige Hohlrad musste aufgrund hoher Fertigungsabweichungen aus dem Schälprozess neu gefertigt werden. Die Zahnkontur wurde dabei durch einen Verzahnungsschleifprozess eingebracht. Die Hohlradverzahnungen bestehen aus dem Vergütungsstahl 42CrMoV5.

Alle Räder weisen Flanken- und Profilkorrekturen auf, um dem lastbedingten Verformungsverhalten entgegenzuwirken. Die Vermessung der gefertigten Verzahnungen erfolgt mit einem Präzisionsmesszentrum der Firma Klingelnberg. Die gemessene Flankentopographie sowie die gemittelten Abweichungskenngrößen sind exemplarisch für die Schrägverzahnung in **Bild 20** dargestellt. Die Messergebnisse der übrigen Varianten können dem Anhang entnommen werden, vgl. **A 3**, **A 4**, **A 5**, **A 6**, **A 7**, **A 8**, **A 9** und **A 10**. Insgesamt wurde für alle außenverzahnten Räder hinsichtlich Rundlauf- sowie Teilungs-, und Flankenabweichungen die Toleranzklasse IT4 oder besser erreicht [DIN18]. Die Qualität der extern eingekauften Hohlradverzahnungen entspricht sowohl hinsichtlich Rundlauf- und Teilungs- als auch Flankenabweichungen der Toleranzklasse IT8 [DIN18]. Anzumerken ist hierbei, dass die beiden geschälten Hohlräder zudem entgegen der Zeichnung ohne gezielte Modifikationen gefertigt wurden.

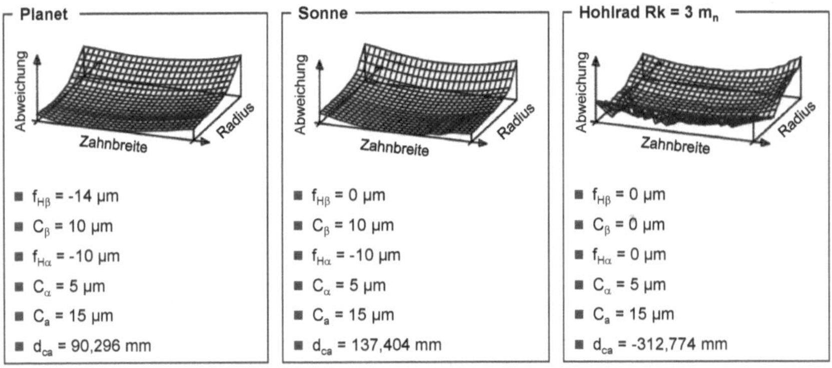


**Bild 20:** Flankentopographien der gefertigten Schrägverzahnungen

*Flank Topographies of the Manufactured Helical Gears*

## 5.2 Prüfaufbau und Prüfprogramm

*Test Setup and Test Program*

Der Aufbau der Messzelle auf dem elektrischen Verspannungsprüfstand (EVP) ist in **Bild 21** dargestellt. Aufgrund der hohen zu untersuchenden Drehmomente zur Erreichung hoher Verformungen wurden Zwischengetriebe am An- und Abtrieb eingesetzt. Die Zwischengetriebe der Firma ZF weisen eine Übersetzung von $i_{ges} \approx 7{,}2$ auf. Der Planetenträger wurde über den Antriebsmotor angetrieben. Der Abtrieb erfolgte über das Sonnenrad. Das maximale Antriebsdrehmoment ist durch die Leistung des Antriebsmotors auf $M_{an}$ = 5500 Nm begrenzt.

**Bild 21:** Aufbau der Messzelle auf dem Prüfstand

*Setup of the Measurement Cell on the Test Rig*

Mit Hilfe der im vorangegangenen Kapitel vorgestellten Messzelle wurden eine Vielzahl von Untersuchungen durchgeführt. Der Versuchsplan ist in **Bild 22** dargestellt. Zur Identifikation des Einflusses der gegenseitigen Beeinflussung der Eingriffe durch den Mehrfacheingriff wurde die Anzahl an Planetenräder zwischen einem Planetenrad, drei Planetenrädern und sechs Planetenrädern variiert. Die Untersuchungen fanden dabei jeweils mit der Geradverzahnung sowie den beiden schrägverzahnten Hohlrädern statt. Die verbauten Exzenterbuchsen haben eine Exzentrizität von e = 150 µm mit einer auf einem Verzahnungsmesszentrum messtechnisch erfassten Schwankung von $\Delta e$ = 9 µm. Initial wurden alle Exzenterbuchsen gleich ausgerichtet. Der Punkt maximaler Exzentrizität zeigt dabei in tangentiale Richtung des Planetenträgers, sodass der Achsabstand sowie der Stegteilungswinkel dem des unverlagerten Planetengetriebes entsprechen.

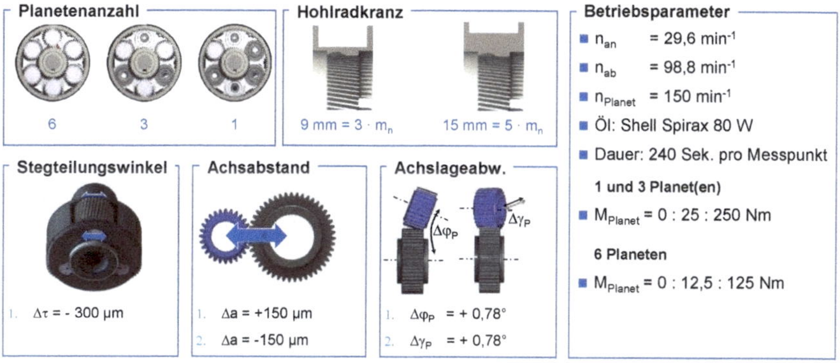


**Bild 22:** Versuchsplan und untersuchte Varianten

*Test Plan and Investigated Variants*

Für die Untersuchungen des Einflusses der Verlagerung wurde immer ein Planet ausgelenkt, die anderen Planeten blieben in ihrer Ausgangsposition. Durch eine Verdrehung der beiden Exzenterbuchsen eines Planeten um 180° wurde ein Stegteilungsfehler von $\Delta\tau$ = 300 µm eingestellt. Für die Änderung des Achsabstandes erfolgte eine gleichsinnige Rotation der beiden Exzenterbuchsen eines Planeten um ±90°. Da die anderen Planeten unausgelenkt blieben, ergab sich zusätzlich ein Stegteilungsfehler von $\Delta\tau$ = 150 µm. Achslageabweichungen in Neigungs- und Schränkungsrichtung wurden durch die gegensinnige Verdrehung der Exzenterbuchsen eingestellt. Die erzielte Fehlstellung entspricht in beiden Ebenen $\Delta\varphi_P = \Delta\gamma_P = 0{,}78°$. Auch hierbei ergab sich durch die Auslenkung ein zusätzlicher Stegteilungsfehler von $\Delta\tau = 150\ \mu m$.

Die Untersuchungen wurden bei konstanter Drehzahl von $n_{Planet} = 50$ U/min am Planetenrad durchgeführt und das Drehmoment umgerechnet auf das Planetenrad stufenweise von $M_{Planet} = 0$ Nm auf $M_{Planet} = 235$ Nm bei einem und drei Planeten erhöht. Bei sechs Planeten wurde das Drehmoment bezogen auf das Planetenrad halbiert, sodass bei drei und sechs Planeten das gleiche maximale Antriebsdrehmoment anliegt. Die Messung einer kompletten Überrollung des Planetengetriebes hätte bei einer Drehzahl von $n_{Planet} = 50$ U/min eine Messzeit von $t_{Mess} \approx 10$ Minuten zur Folge, was aufgrund des Umfangs des Versuchsplans zeitlich nicht umzusetzen war. Daher wurde die Messzeit auf $t_{Mess} = 240$ Sekunden begrenzt, welches ca. 50 Umdrehungen des Planetenträgers entspricht. Die Untersuchungen ohne gezielt eingestellte Achslageabweichungen werden im Folgenden Referenzergebnisse genannt und wurden jeweils dreimal wiederholt, die Untersuchungen mit gezielt eingestellten Achslageabweichungen wurden aufgrund der geringen Streuung der Referenz nur einmal durchgeführt.

Die Messzelle wurde im montierten Zustand auf einem Koordinatenmessgerät der Firma Zeiss vermessen. Dabei zeigte sich das Vorhandensein eines Stegteilungsfehlers der beiden gegenüberliegenden Planeten P1 und P4 im Vergleich zu den übrigen Planeten. Ursächlich hierfür sind Fertigungsabweichungen aus dem Koordinatenschleifprozess. Eine Nacharbeit konnte aufgrund der zeitlich späten Entdeckung der Abweichung nicht mehr durchgeführt werden. Der geforderte Achsabstand von a = 112,5 mm wurde bei der Fertigung und Montage geringfügig um $\Delta a = 20\ \mu m$ unterschritten.

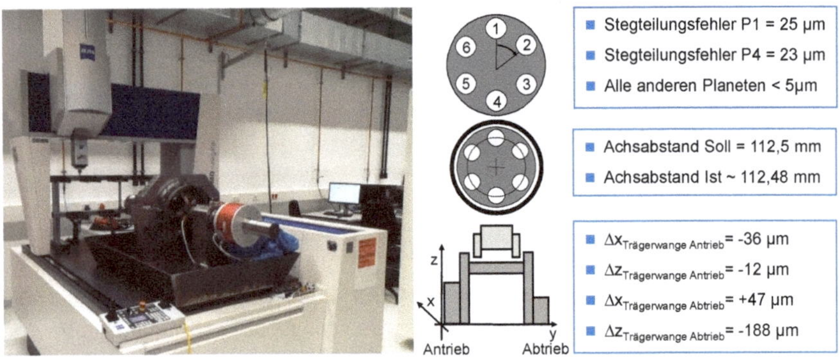


**Bild 23:** Vermessung der Messzelle auf dem Koordinatenmessgerät

*Measurement of the Measuring Cell on the Coordinate Measuring Machine*

Zur Vermessung der Achslage wurde die Referenzachse des Hohlrades über die Hohlradringe ermittelt und der Mittelpunkt der antriebs- und abtriebsseitigen Planetenträgerwange bestimmt. Hierbei zeigte sich eine Fehlausrichtung der Trägerachse im Vergleich zur Hohlradachse. Sowohl in horizontaler wie auch in vertikaler Richtung liegen statische Abweichungen vor. Aufgrund der fehlenden Zugänglichkeit der Sonnenradwelle auf dem Messzentrum, kann über die Achslage der Sonne keine Aussage getroffen werden. Da diese jedoch antriebsseitig im selben Lagerbock wie der Planetenträger gelagert wird, wird vermutet, dass Sonnenradwelle und Planetenträgerachse vergleichbare Achslagen aufweisen.

Auf Grund der ermittelten Schiefstellung der Trägerachse werden zwei Messkampagnen durchgeführt. Die erste Messkampagne beinhaltet alle zuvor vorgestellten Varianten und wird im gefertigten Zustand inklusive Achslageabweichung des Planetenträgers durchgeführt. Die zweite Messkampagne wurde ausschließlich mit dem dünnwandigen, schrägverzahnten Hohlrad mit drei und sechs Planeten durchgeführt. Hierbei wurde die Trägerposition manuell mit Hilfe von Distanzscheiben und unter Kontrolle des Tragbildes im Hohlrad eingestellt, sodass die Zentralachsen zueinander ausgerichtet sind. Die zweite Messkampagne steht im Fokus dieser Arbeit, während die Erste zur Bestimmung des Einflusses der Radkranzstärke sowie der Achslageabweichung des Planetenträgers herangezogen wird. In der zweiten Messkampagne wurden zusätzlich die Radkörperspannungen mit Hilfe der aufgebrachten DMS ermittelt. Da die Messleitungen der DMS fest mit dem Hohlradring verklebt wurden, ist ein Umbau auf die weiteren Hohlräder im manuell ausgerichteten Zustand nicht möglich.

## 5.3 Einfluss der Planetenradanzahl

*Influence of the Number of Planet Gears*

Zur Steigerung der Leistungsdichte kann die Anzahl der Planeten erhöht und die Last damit auf zusätzliche Leistungspfade aufgeteilt werden. Die Limitierung der Planetenradanzahl resultiert dabei aus dem verfügbaren Bauraum sowie den durch die Zähnezahlen vorgegebenen Montagerestriktionen [MÜLL98]. Die Erhöhung der Planetenradanzahl bedingt zusätzlich eine kinematische Überbestimmung des Systems, die durch zusätzliche Freiheitsgrade ausgeglichen werden sollte, um die Lastaufteilung auf die einzelnen Leistungspfade zu verbessern [KLOC17]. Im Rahmen der in dieser Arbeit durchgeführten Versuche, werden die Ergebnisse der Planetengetriebe mit drei Planeten sowie mit sechs Planeten vorgestellt. Zur Optimierung der Lastaufteilung weist die Messzelle eine durch Verformung des freien Sonnenwellenendes einstellbewegliche Sonne auf. So liegt bei drei Planeten eine kinematische Bestimmtheit und bei sechs Planeten eine kinematische Überbestimmtheit des Systems vor. Die Auswirkungen auf das Anregungs-, Verlagerungs- und Lastaufteilungsverhalten werden in diesem Abschnitt aufgezeigt und diskutiert. Dazu werden die Ergebnisse mit manuell ausgerichtetem Planetenträger herangezogen.

Für den ausgerichteten Zustand liegen Messdaten in der Konfiguration mit drei und sechs Planeten für die Schrägverzahnung mit dünnwandigem Radkranz vor. In **Bild 24** ist der Verlauf der Amplitude der Zahneingriffsordnungen des Drehfehlers zwischen Sonnenrad und Planetenträger über dem Planetenraddrehmoment dargestellt. Die Amplituden sind als Doppelamplitude (peak2peak) aufgetragen und bezogen auf den

Grundkreisradius des Sonnenrades. Im oberen linken Diagramm ist der Verlauf der Amplitude der ersten Zahneingriffsordnung dargestellt, vgl. Bild 24. Das System mit drei Planeten zeigt einen bei steigendem Drehmoment fallenden Verlauf. Die Anregung in der ersten Zahneingriffsordnung ist für das System mit sechs Planeten niedriger und steigt bei steigendem Drehmoment linear an. Für die zweite Zahneingriffsordnung zeigt sich ein ähnliches Bild. Bis zu einem Drehmoment von $M_{Planet}$ = 60 Nm decken sich die Verläufe der beiden Systeme. Für höhere Drehmomente steigt die Amplitude für das System mit sechs Planeten, während für die Konfiguration mit drei Planeten sinkende Amplituden festgestellt werden können.

Die Anregung in der dritten Zahneingriffsordnung unterscheidet sich zwischen den beiden Varianten. Durch den sequentiellen Zahneingriff ist eine stärkere Anregung der 3.$O_z$ bei der Variante mit drei Planeten zu erwarten, was durch die Messung bestätigt werden kann. Das System mit drei Planeten weist bei einem Drehmoment von $M_{Planet}$ = 100 Nm zudem ein lokales Minimum auf, bevor der Drehfehler erneut ansteigt. Die Variante mit sechs Planeten zeigt hingegen einen stetig fallenden Verlauf ab einem Drehmoment von $M_{Planet}$ = 23 Nm.

Die Anregung des Systems mit sechs Planeten ist in der 6.$O_z$ in weiten Teilen höher als die des Systems mit drei Planeten. Die Begründung hierfür liegt ebenfalls in der sequentiellen Phasenlage der Zahneingriffe an den Zentralrädern. Während des Durchwälzens einer Stirneingriffsteilungen erfolgen dadurch an jedem Zentralrad sechs Zahneingriffe, was zu einer Anregung der 6.$O_z$ führt. Das System mit drei Planeten zeigt einen weitestgehend linearen Verlauf, welcher mit steigendem Drehmoment abnimmt.

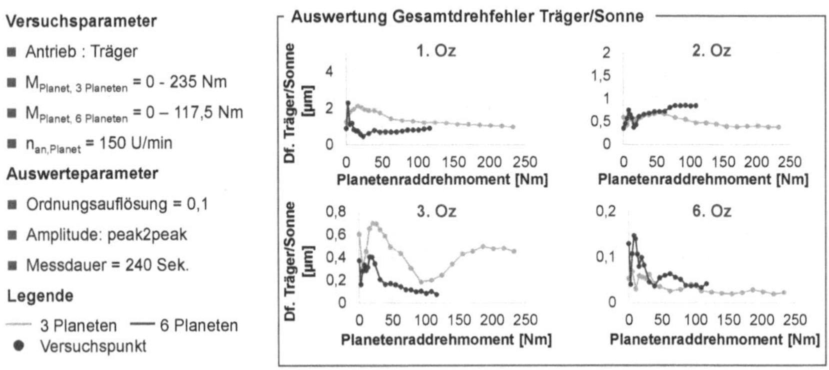


**Bild 24:** Gesamtdrehfehler der dünnwandigen Schrägverzahnung bei drei und sechs Planeten

*Total Transmission Error of the Thin-Walled Helical Gear with Three and Six Planets*

Es kann festgestellt werden, dass die durch die Phasenlage der Zahneingriffe zu erwartende Tendenz einer erhöhten Anregung der 3.$O_z$ bei drei verbauten Planeten und der 6.$O_z$ bei sechs verbauten Planeten im direkten Vergleich bestätigt werden kann. Das Auftreten der lokalen Minima in den beiden Verläufen zeigt zudem ein zum Drehmoment nichtlineares Verhalten, was auf eine Beeinflussung durch den Zahnkontakt und dessen nichtlineares Steifigkeitsverhalten schließen lässt. Absolut gesehen treten jedoch bei beiden Systemen die höchsten Anregungen im Bereich der 1.$O_Z$ auf. Alle weiteren dargestellten Verläufe neben der 3.$O_Z$ bei drei Planeten und der 6.$O_Z$ bei sechs Planeten zeigen ab einem gewissen Drehmoment ein annähernd lineares Verhalten, welches auf eine lastbedingte Verlagerung oder Verformung von Strukturkomponenten wie Wellen oder dem Gehäuse als Ursache hindeuten kann. Während diese Verläufe bei drei verbauten Planeten mit steigendem Drehmoment in allen Zahneingriffsordnungen stetig abnehmen, zeigt sich in der 1. und 2.$O_Z$ für sechs Planeten ein steigender Verlauf.

Als weitere Kenngröße des Einsatzverhaltens wird die Lastaufteilung zwischen den einzelnen Leistungspfaden herangezogen. Hierzu wird für jeden DMS über dem Umfang des Hohlrades die maximale Dehnung beim Durchwälzen eines Planeten bestimmt. Unter Annahme einer linear elastischen Verformung des Hohlradkranzes und einer gleichbleibenden Lastverteilung über der Zahnflanke, ist das Verhältnis der Dehnungen gleich dem Verhältnis der übertragenen Zahnkräfte. In Anlehnung an die Definition des Lastaufteilungsfaktors $K_\gamma$ erfolgt die Bestimmung des Lastaufteilungsfaktors $K_{\gamma,DMS}$ als Verhältnis der maximal durch einen Planeten hervorgerufenen Dehnung zur gemittelten maximalen Dehnung, welche durch alle Planeten an dieser Stelle hervorgerufen wird. Der Wert $K_{\gamma,DMS}$ wird für jede Messstelle einzeln ermittelt und für jeden Planeten der Mittelwert $K_{\gamma,DMS,MW}$ über alle Messstellen gebildet. Die Ergebnisse sind in **Bild 25** dargestellt.

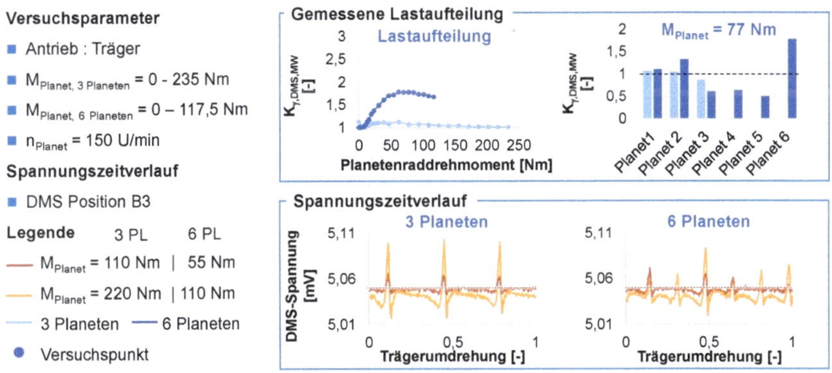


**Bild 25:** Gemessene Lastaufteilung und Spannungszeitverlauf für drei und sechs Planeten

*Measured Load Sharing and Stresses for Three and Six Planets*

Der Vergleich der Lastaufteilung vom System mit drei und sechs Planeten zeigt über das gesamte Drehmoment eine schlechtere Lastaufteilung für das System mit sechs Planeten. Während sich der Lastaufteilungsfaktor bei drei Planeten für den gesamten Drehmomentbereich nahe dem Optimum von eins befindet, werden für das System mit sechs Planeten Werte von $K_{\gamma,DMS,MW} = 1{,}79$ erreicht. Noch deutlicher wird die schlechtere Lastaufteilung im Vergleich der vom jeweiligen Planeten getragenen Lasten bei einem Drehmoment von $M_{Planet}$ = 77 Nm, vgl. Bild 25 oben rechts. Zu erkennen ist, dass bei drei Planeten die ersten beiden Planeten in etwa gleich viel Last übertragen, während der dritte Planet entlastet wird. Bei sechs Planeten hingegen tritt eine deutliche Lastüberhöhung am sechsten und eine geringere am zweiten Planeten auf. Die Planeten drei, vier und fünf übertragen daher nur ca. 50 % bis 60 % der Nominallast. Die schlechte Lastaufteilung resultiert dabei einerseits aus den in der Fertigung der Komponenten eingebrachten Stegteilungsfehlern, vgl. Bild 23, sowie der reduzierten Fähigkeit des Lastausgleiches im System durch die statische Überbestimmtheit bei sechs verbauten Planeten.

In den unteren beiden Diagrammen in Bild 25 ist der Spannungszeitverlauf an der Messstellenposition B3 für eine Trägerumdrehung dargestellt. Die Farbgebung in den Diagrammen ist so gewählt, dass gleiche Farben für gleiche Antriebsdrehmomente stehen. Die gestrichelte Linie gibt den DMS-Messwert ohne Belastung an. Während bei drei Planeten für beide Drehmomente drei deutliche Ausschläge zu erkennen sind, treten beim geringeren Drehmoment bei sechs Planeten nur drei Ausschläge auf. Die Messungen zeigen das Auftreten von Stauchungen vor und nach einem Eingriff und einer Dehnungsspitze, womit das Radkranzvolumen einer Wechselbeanspruchung unterliegt.

Zudem ist festzustellen, dass beim System mit drei Planeten beim niedrigen Drehmoment der Messwert nach der Beanspruchung wieder zurück auf den lastfreien Wert fällt. Die Messposition weist dementsprechend zwischen den Planetendurchgängen keine Dehnung auf. Beim höheren Drehmoment kann im System mit drei Planeten kein vollständiger Rückgang des Messwertes mehr festgestellt werden. Das Radkranzvolumen bleibt dementsprechend durchgehend beansprucht. Beim System mit sechs Planeten tritt dieser Effekt bereits beim niedrigen Drehmoment auf, obwohl die theoretisch übertragene Last pro Planetenrad nur halb so groß ist. Beim hohen Drehmoment ist dieser Effekt bei sechs Planeten noch deutlicher zu erkennen. Der Radkranz ist durch die räumliche Nähe der Eingriffe nicht mehr in der Lage sich zu entspannen und bleibt durchgehend verformt. Dies bedeutet einerseits, dass sich der R-Wert der Wechselbeanspruchung in Abhängigkeit der Planetenradanzahl und auch des Drehmomentes ändert. Andererseits zeigen die Ergebnisse den Einfluss des Mehrfacheingriffes in Form einer gegenseitigen Beeinflussung durch Verformung des Hohlradkranzes durch den vorangegangenen und nachfolgenden Planeten.

Zur weiteren Interpretation der Drehfehler- und Lastaufteilungsverläufe werden die gemessenen Verlagerungen des Sonnenrades und des Planetenträgers herangezogen. Analog zur Auswertung des Drehfehlers wird der Zeitverlauf der Verlagerungssensoren mit Hilfe einer FFT in Ordnungsanteile bezogen auf die Trägerdrehordnung und deren zugehörigen Amplituden zerlegt. Da die Sensoren zur Messung der Sonnenposition mitdrehend auf dem Planetenträger montiert sind, entspricht der Konstantanteil (0. Ordnung) einer statischen Verlagerung des Sonnenrades in Bezug auf den rotierenden Träger. Die Amplitude der ersten Ordnung beschreibt in diesem Fall eine im Bezug zum Gehäuse radiale, statische Verlagerung des Sonnenrades zum Planetenträger. Die gemessene Sonnenverlagerung für drei und sechs Planeten ist in **Bild 26** aufgetragen. Die 0. Ordnung ist dabei für jeden Sensor auf die lastfreie Messung referenziert, um den Einfluss der initialen Sensorpositionierung zu eliminieren.

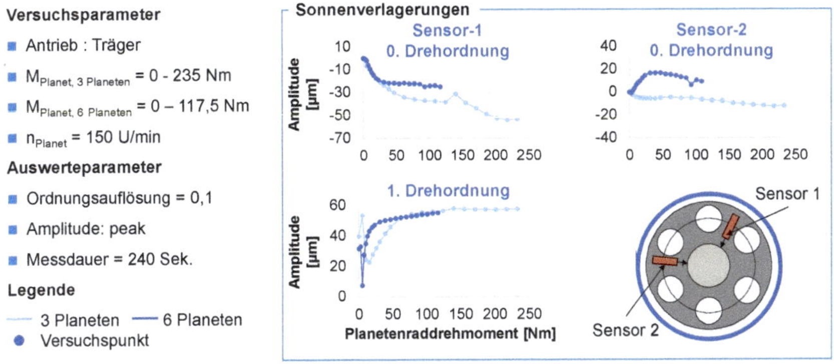


**Bild 26:** Verlagerung des Sonnenrades im Vergleich zum Planetenträger

*Displacement of the Sun Gear Compared to the Planet Carrier*

Die Darstellung der 0. Drehordnung der beiden Sensoren über dem Planetenraddrehmoment zeigt ein differentes Verhalten des Systems mit drei im Vergleich zu sechs Planeten. Das System mit drei Planeten zeigt eine Vorzugsrichtung der Verlagerung in Richtung von Sensor 1. Über den gesamten Drehmomentbereich steigt die Verlagerung degressiv in negative Richtung an. Gleiches kann für Sensor 2 mit geringeren Amplituden festgestellt werden. Bei dem System mit sechs Planeten ist die Verlagerung der Sonne bis zu einem Drehmoment von $M_{Planet}$ = 23 Nm für den Sensor 1 mit dem des Systems mit drei Planeten nahezu identisch. Für höhere Drehmomente steigt der Verlauf jedoch nicht weiter an, sondern stagniert bei einem Wert von Amp = -25 µm. Für den Sensor-2 kann ein ähnliches Verhalten, jedoch in positive Richtung beobachtet werden. Bis zu einem Drehmoment von $M_{Planet}$ = 23 Nm steigt die Amplitude bis auf Amp = 20 µm an, bevor für steigende Drehmomente ein Absinken beobachtet wird.

Die Verläufe zeigen, dass die Sonne ihre statische Position in Referenz zum Planetenträger sowohl bei drei als auch bei sechs Planeten mit steigender Last verändert und in dieser Position mit diesem umläuft. Während diese Verlagerung des Sonnenrades bei drei Planeten über den gesamten Drehmomentenbereich erfolgt, kann keine weitere Einstellung des Sonnenrades ab einem Drehmoment von $M_{Planet}$ = 23 Nm bei sechs Planeten festgestellt werden. Die Sonne reagiert in dem hier vorliegenden System analog zu einem Biegebalken. Durch eine ungleichmäßige Lastaufteilung auf die einzelnen Eingriffe, wirkt eine resultierende Kraft auf die Sonne, wodurch die Sonnenwelle ausgelenkt wird. Die Auslenkung der Sonne bewirkt durch die feste Einspannung der Sonnenwelle eine Rückstellkraft aufgrund der Wellenverformung, welche mit den resultierenden Kräften im Zahnkontakt im Gleichgewicht steht. Das Gleichgewicht aus Rückstellkraft und ungleichmäßiger Lastaufteilung ist im System mit sechs Planeten aufgrund der statischen Überbestimmtheit früher erreicht, sodass die Sonne sich nicht weiter einstellen kann und die Lastaufteilung weiterhin hohe Werte zeigt.

Die Ergebnisse der 1. Drehordnung, welche eine Information über die Positionierung von Sonne zu Träger im statischen Koordinatensystem des Prüfstands geben, bestätigen dies, vgl. Bild 26 unten. Aufgrund des Umlaufs des Planetenträgers um die Sonne sind die Werte der beiden Sensoren nahezu identisch und es wird das gemittelte Ergebnis dargestellt. In den Daten ist eine stärkere Einstellbewegung im Bereich geringer Drehmomente zu erkennen. Ab einem Drehmoment von $M_{Planet}$ = 46 Nm bei drei verbauten Planeten und einem Drehmoment von $M_{Planet}$ = 23 Nm bei sechs verbauten Planeten erfolgt nur noch eine geringe lineare Zunahme des Abstandes. Die Ursache für diese weitere lineare Verlagerung wird in einer linear-elastischen Verformung des Systems vermutet.

Die Verlagerung des Sonnenrades im statischen Koordinatensystem (1. Ordnung) und umlaufend mit dem Planetenträger (0. Ordnung) befinden sich in der gleichen Größenordnung. Die Verlagerung ist dabei insbesondere vom Antriebsdrehmoment und weniger von der individuellen Belastung der Zahneingriffe abhängig.

## 5.4 Einfluss von Achslageabweichungen des Planetenrades

*Influence of Axial Misalignments of the Planet Gear*

Zur Bestimmung des Einflusses elastischer Verformungen des Systems wurden gezielt Achslageabweichungen an einem Planeten aufgebracht. Der Versuchsplan umfasst hierbei eine aufgeprägte Neigung, eine Schränkung, einen Stegteilungsfehler sowie einen größeren und kleineren Achsabstand. Aufgrund der besseren Lesbarkeit der Diagramme und dem nahezu identischen Verhalten der beiden Achsabstandsvarianten wird auf die Darstellung der Ergebnisse des verringerten Achsabstandes verzichtet. Es ist zudem zu beachten, dass durch die Verdrehung der Exzenterbuchsen ebenfalls Stegteilungsfehler auftraten, die einen Einfluss auf die Ergebnisse nehmen.

In **Bild 27** ist die gemessene Lastaufteilung sowie die Verlagerung des Sonnenrades mitlaufend mit dem Planetenträger für unterschiedliche Achslageabweichungen abgebildet. Bei allen Varianten mit Achslageabweichung steht ein einzelner Planet aufgrund des durch die Verdrehung eingebrachten Stegteilungsfehlers in Drehrichtung vor. Im Bereich niedriger Lasten ist daher zu erwarten, dass der vorstehende Planet zunächst die gesamte Last aufnimmt, bis die Verformung im System so groß wird, dass die übrigen Planeten in Kontakt kommen. Im hier vorhandenen System wird insbesondere die Sonnenradwelle über ein Ungleichgewicht der Radialkräfte der Zahneingriffe verformt, bis das Ungleichgewicht der Rückstellkraft der Sonnenradwelle entspricht. Die Messdaten zeigen jedoch eine gute Lastverteilung, die zunächst, erst bei steigendem Drehmoment schlechter wird und sich anschließend verbessert. Dieser Effekt ist auf die Messauflösung der Lastverteilung über DMS am Radkörper des Hohlrades zurückzuführen. Hierbei treten bei geringen Drehmomenten kaum messbare Verformungen auf, die sich im Bereich des Signalrauschens befinden. Durch den relativen Vergleich der maximal auftretenden Dehnungen zwischen den Planeteneingriffen, werden daher fälschlicherweise geringe Unterschiede und gute Lastaufteilungen ermittelt. Bei steigender Last hebt sich die durch den hervorstehenden Planeten hervorgerufene Dehnung weiter vom Grundrauschen ab und der ermittelte Lastaufteilungsfaktor steigt an.

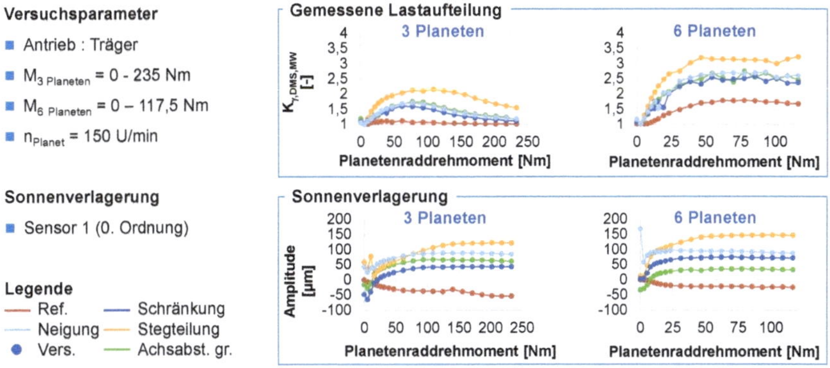


**Bild 27:** Lastaufteilung und Sonnenradverlagerungen bei Achslageabweichungen der Planetenradachse

*Load sharing and Sun Gear Displacements in Case of Axial Misalignment of the Planetary Gear Shaft*

Auffällig ist, dass sich die Lastaufteilung bei drei verbauten Planeten bei steigendem Drehmoment ab einem Moment von $M_{Planet}$ = 100 Nm bei allen verlagerten Varianten verbessert. Bei sechs Planeten zeigt sich bei steigender Last ab einem Drehmoment von $M_{Planet}$ = 50 Nm ein stagnierender Verlauf des Lastaufteilungsfaktors. Die Vermutung liegt nahe, dass dies mit der statischen Überbestimmtheit und der fehlenden Einstellbarkeit des Sonnenrades bei sechs Planeten zusammenhängt. Allerdings zeigt die Auswertung der statischen Sonnenverlagerung zum Träger in Bild 27 unten, dass auch bei drei Planeten und hohen Drehmomenten keine Einstellbewegung mehr erfolgt. Ab $M_{Planet}$ = 150 Nm bei der Variante mit Stegteilungsfehler und ab $M_{Planet}$ = 75 Nm bei den übrigen Varianten mit Achslageabweichung bleibt die Position konstant. Daraus lässt sich schlussfolgern, dass ab diesen Drehmomenten die resultierende Radialkraft auf das Sonnenrad konstant bleibt.

Diese Schlussfolgerung kann durch die Auswertung der DMS-Signale bestätigt werden, vgl. **Bild 28**. Hierzu werden die maximalen Ausschläge, hervorgerufen durch jeden Planeten an jeder Messstelle, erfasst und der Mittelwert gebildet. Zu erkennen ist, dass beim System mit drei Planeten die zwei weiteren Planeten ab einem Drehmoment von $M_{Planet}$ = 100 Nm beginnen Last zu übertragen. Dies erklärt die Verbesserung des Lastaufteilungsfaktors ab diesem Drehmoment, vgl. Bild 27. Ab $M_{Planet}$ = 150 Nm Verlaufen die DMS-Spannungen der einzelnen Planeten parallel, was bedeutet, dass die weitere Last gleichmäßig auf alle Kontaktpartner aufgeteilt wird. Demnach entspricht die Lastüberhöhung am vorstehenden Planeten einem konstanten Wert $\Delta_{Last}$. Aufgrund des absolut steigenden Wertes der anliegenden Last sinkt der Lastaufteilungsfaktor bei steigenden Drehmomenten. Bei sechs Planeten wird die konstante Sonnenposition bereits bei niedrigeren Drehmomenten erreicht, vgl. Bild 27. Die Beträge der Verlagerung sind dabei für beide Systeme vergleichbar, wenn auch für sechs Planeten leicht höhere Werte für jede Verlagerungssituation mit Ausnahme der Variante mit höherem Achsabstand auftreten.

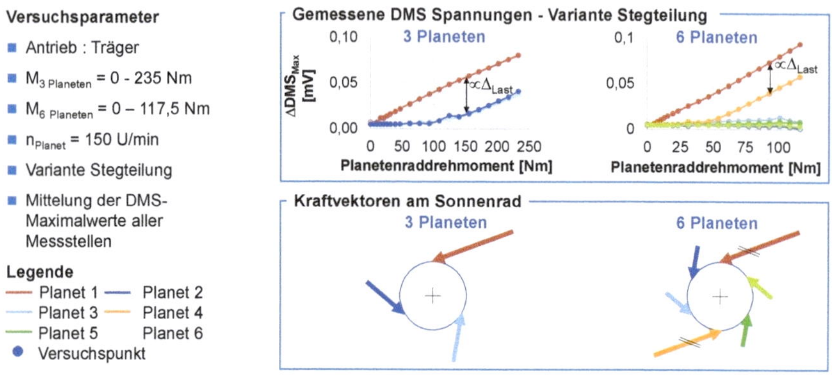


**Bild 28:** Lastverhalten und Kraftrichtungen der Systeme mit drei und sechs Planeten für einen reinen Stegteilungsfehler

*Load Behavior and Force Directions of the Systems with Three and Six Planets for a Carrier Pitch Error*

Unter der Annahme, dass die Sonne weiterhin in der Lage ist, ihre Position zu verändern und keine Flanken-, Kopf-, oder Lagerspiele aufgebraucht sind, muss ebenfalls beim System mit sechs Planeten gelten, dass bei konstanter Position die resultierende Radialkraft auf das Sonnenrad ab diesem Drehmoment identisch bleibt. Anders als bei drei Planeten ist allerdings kein sinkender Lastaufteilungsfaktor bei steigenden Drehmomenten zu beobachten. Grund hierfür ist die Anordnung der Planetenräder über dem Umfang des Trägers. Bild 28 zeigt, dass die durch den Stegteilungsfehler am ersten Planeten hervorgerufene Lastüberhöhung allein durch den gegenüberliegenden vierten Planeten kompensiert wird und die übrigen Planeten mehr oder minder lastfrei mitlaufen. Zwischen dem ersten sowie dem vierten Planeten lässt sich ab einem Drehmoment von $M_{Planet}$ = 75 Nm ein konstanter Offset zwischen den beiden Signalen erkennen.

Durch die gegenüberliegende Anordnung der Planeten sind die Vektoren der tangential am Grundkreis angreifenden Kräfte aus den Planeteneingriffen jeweils paarweise parallel und entgegengesetzt. Eine Lastüberhöhung an einem Planeten führt zu einer Sonnenabdrängung in Richtung des Zahnkraftvektors. Im Fall von paarweise parallel verlaufenden Eingriffslinien entspricht dies einer Annäherung in Zahnnormalenrichtung des gegenüberliegenden Planeten. Damit wird die Lastüberhöhung allein durch den gegenüberliegenden Planeten kompensiert. Bei nicht paarweise parallelen Eingriffsstrecken, wie sie im System mit drei Planeten auftreten, erfolgt die Verlagerung nicht direkt in Richtung eines weiteren Zahneingriffes, sodass die Kompensation der Überlast durch alle drei Planeten erfolgt.

Dieser Zusammenhang gilt nur bei der Kompensation der Lastüberhöhung durch die radiale Verschiebung von Zentralelementen, wie der Sonne. Fertigungs- und Achslageabweichungen können zudem über die Verformung weiterer Komponenten wie Wellen, dem Planetenträger oder der Zahnbiegung überwunden werden. Hierzu ist eine Verformung in Umfangsrichtung des Planetenträgers notwendig, die die resultierenden Kontaktabstände kompensiert.

Durch den zusätzlich eingebrachten Stegteilungsfehler aufgrund der Verdrehung der Exzenterbuchsen ist eine deutliche Abstufung der Varianten hinsichtlich ihrer Lastaufteilung erkennbar. Die Variante mit reiner Stegteilung weist einen Abweichungsbetrag von $\tau$ = 300 µm auf und zeigt sowohl für sechs als auch für drei Planeten die schlechteste Lastaufteilung vgl. Bild 27. Der verlagerte Planet steht hierbei um den Betrag vor.

Die übrigen Varianten mit Achslageabweichung führen in der Mitte der Verzahnungsbreite zu einem Stegteilungsfehler von $\tau$ = 150 µm. Dennoch sind Unterschiede in der Lastaufteilung zwischen diesen Varianten erkennbar. Die Variante mit größerem Achsabstand und die mit aufgeprägter Neigung liegen dabei vergleichsweise nah beieinander, vgl. Bild 27. Die Variante mit aufgeprägter Schränkung zeigt eine leicht bessere Lastaufteilung. Diese Beobachtung gilt sowohl für drei als auch für sechs Planeten. Die gleiche Abstufung lässt sich bei der Betrachtung der Sonnenverlagerung bei dem System mit drei Planeten beobachten, vgl. Bild 27. Im System mit sechs Planeten zeigt der vergrößerte Achsabstand die geringste Sonnenverlagerung.

Ursächlich für die Abstufung der drei Varianten ist der tatsächlich wirkende Kontaktabstand, der zum Zeitpunkt des Eingriffsbeginns des hervorstehenden Planeten an den übrigen Planeten vorliegt, vgl. **Bild 29**. Der effektive Kontaktabstand am Eingriffsbeginn zwischen den Planeten beschreibt dabei den Weg, der durch die Verformung des Systems überwunden werden muss, bis dieser Planet in den Eingriff kommt. In Bild 29 ist der Einfluss der unterschiedlichen Achslageabweichungen auf den effektiven Kontaktabstand abgebildet. Durch die Verdrehung der Exzenter erfährt die Zahnmitte in jeder ausgelenkten Position eine Verschiebung von $\tau$ = 150 µm in Drehrichtung des Planetenträgers. Diese mittlere Verschiebung wird durch weitere Einflüsse aus der eigentlichen Achslageabweichung überlagert. Im Falle der aufgebrachten Schränkung liegt eine Flankenlinienwinkelabweichung in Höhe von $f_{H\beta}$ = 69 µm vor. Diese Abweichung führt zu einer Verringerung des Kontaktabstandes am Eingriffsbeginn sowohl im Sonnen- als auch im Hohlradeingriff von 34,5 µm. Im Falle der Neigung wird der Steigteilungsfehler ebenfalls von einer Flankenlinienwinkelabweichung überlagert. Diese wirkt im Sonnen- und Hohlradeingriff aufgrund des Flankenwechsels in entgegengesetzte Richtung. Hierdurch verringert sich der effektive Kontaktabstand im Sonnenradeingriff, vergrößert sich jedoch aufgrund gleicher Eingriffswinkel um denselben Betrag im Hohlradeingriff.

Das Aufprägen einer Achsabstandsabweichung führt zu einer Änderung der Kontaktbereiche und damit zu einer Änderung der aktiven Zahndicke. Ein vergrößerter Achsabstand von $\Delta a$ = 150 µm führt bei der hier verwendeten Verzahnung zu einem hervorstehen der Planetenradzahnflanke im Hohlradeingriff von $\Delta_{PH}$ = 60 µm. Da beide Flanken des Planeten geometrisch gleich ausgeführt sind, verringert sich die wirkende Zahndicke im Sonneneingriff um dasselbe Maß.

Die effektiven Kontaktabstände im Sonnen- und Hohlradeingriff können bei symmetrischen Verzahnungen zusammenaddiert werden. Im Realsystem liegen alle Planeten am treibenden Element an. Liegen in diesem Eingriff Kontaktabstände vor, verdreht sich das Planetenrad entsprechend, sodass das Klaffmaß bzw. der Kontaktabstand am abtreibenden Eingriff vorliegt. Die Summe des effektiven Kontaktabstandes $\Delta_\Sigma$ ist in Bild 29 unten links dargestellt. Die Abstufung der Varianten entspricht dabei der Abstufung der gemessenen Lastaufteilung und der Sonnenverlagerung, vgl. Bild 27.

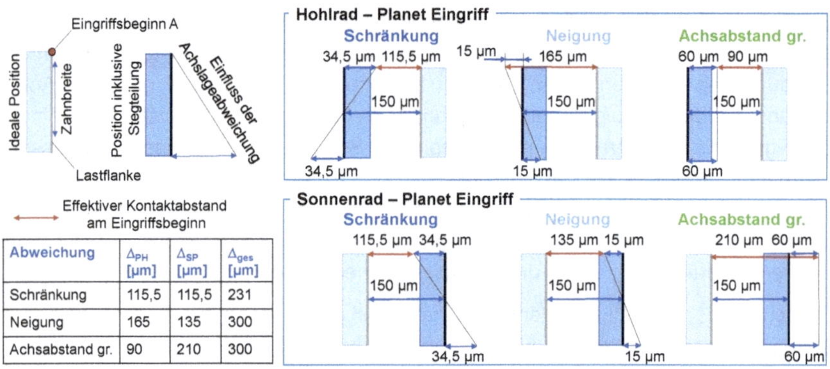


| Abweichung | $\Delta_{PH}$ [µm] | $\Delta_{SP}$ [µm] | $\Delta_{ges}$ [µm] |
|---|---|---|---|
| Schränkung | 115,5 | 115,5 | 231 |
| Neigung | 165 | 135 | 300 |
| Achsabstand gr. | 90 | 210 | 300 |

**Bild 29:** Effektive Kontaktabstände am Planetenrad im Versuchsaufbau

*Resulting Contact Distances at the Planetary Gear at the Test Rig*

**Bild 30** zeigt die Amplituden der Zahneingriffsordnungen bei drei verbauten Planeten und unterschiedlichen Achslageabweichungen einer Planetenradachse. Die Varianten mit aufgebrachter Neigung, Stegteilungsfehler und Achsabstandsabweichung zeigen eine im Vergleich zur Referenz deutlich erhöhte Anregung in der 1.$O_Z$, welche hin zu hohen Drehmomenten linear abfällt. Das Maximum der Anregung tritt dabei je nach vorhandener Achslageabweichung bei unterschiedlichen Drehmomenten auf. Ab einem Drehmoment von $M_{Planet}$ = 150 Nm verlaufen alle Graphen näherungsweise parallel auf unterschiedlichen Anregungsniveaus. Eine Ausnahme bildet die Variante mit aufgebrachter Schränkung, welche sich in der 1.$O_Z$ ähnlich zur Referenz verhält.

Bei der Schränkungsvariante ist im niedrigen Lastbereich eine erhöhte Anregung in der 2.$O_Z$ festzustellen. Ab einem Drehmoment von $M_{Planet}$ = 60 Nm gleicht der Verlauf allerdings wieder der Referenzvariante. Die Ergebnisse der Versuche mit den weiteren Achslageabweichungen verhalten sich untereinander ähnlich. Für die 2.$O_Z$ ist im niedrigen Lastbereich eine erhöhte Anregung im Vergleich zur Referenz mit einem ausgeprägten Maximum festzustellen. Für mittlere und höhere Lasten entsprechen die Anregungen der Referenzvariante.

Für die in der Theorie aufgrund der Phasenlage relevanteste Anregung in der 3.$O_z$ zeigen sich zwischen den verlagerten Varianten und der Referenz nur Abweichungen im Bereich des ersten lokalen Maximums bei $M_{Planet}$ =20 Nm. Bei der reinen Stegteilung tritt dieses Maximum erst bei einem Drehmoment von $M_{Planet}$ =60 Nm auf. Die Variante mit aufgeprägter Neigung und Schränkung weisen höhere Maximalwerte, die Variante mit größerem Achsabstand einen niedrigeren Wert auf. Für die 6.$O_z$ ergibt sich ein ähnliches Bild. Im niedrigen Lastbereich bis $M_{Planet}$ = 100 Nm können Überhöhungen der Amplitude aufgrund der Achslageabweichungen festgestellt werden, für höhere Drehmomente sind die Amplituden aller Varianten nahezu identisch.

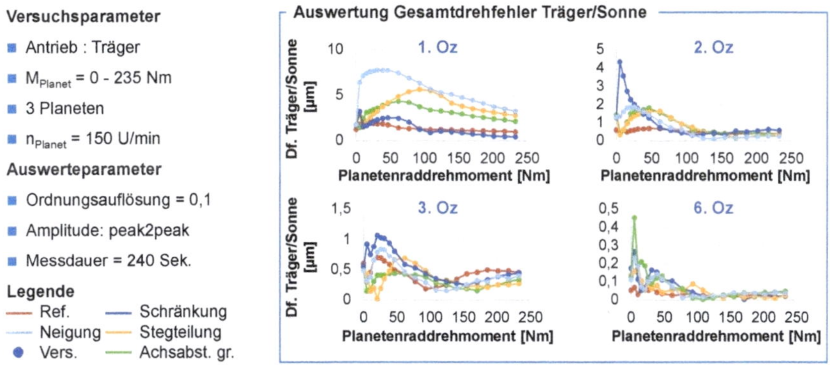


**Bild 30:** Gesamtdrehfehler des Systems mit drei Planeten bei Achslageabweichungen der Planetenradachse

*Total Transmission Error of the System with Three Planets in Case of Axial Misalignments of the Planetary Gear*

Analog zur Darstellung in Bild 30 sind in **Bild 31** die Ergebnisse der Versuche für das System mit sechs Planeten aufgetragen. Bei erster Betrachtung unterscheiden sich die Anregungen in der 1.$O_z$ zwischen den Systemen mit drei und sechs Planeten kaum. Die Abstufung der Varianten sowie Verläufe und Amplituden sind nahezu identisch. Unterschiede werden erst im höheren Lastbereich deutlich. Für die Varianten mit größerem Achsabstand und einer Schränkung steigt die Anregung erneut leicht an. Da beide Versuchsreihen mit gleichen Antriebsdrehmomenten und dementsprechend unterschiedlichen Planetenraddrehmomenten durchgeführt wurden, zeigt die Vergleichbarkeit der Anregungen an, dass diese im Bereich der 1.$O_z$ insbesondere vom Antriebsdrehmoment und nicht von der spezifischen Belastung des Eingriffes abhängen. Dies ist damit zu begründen, dass aufgrund des Stegteilungsfehlers, der durch die Achslageabweichung eingebracht wird, im System mit sechs Planeten der verlagerte sowie der gegenüberliegende Planet einen Großteil der Last aufnehmen und damit auch das Anregungsverhalten dominieren, vgl. Bild 28. Tendenziell zeigt das System mit sechs Planeten daher auch einen größeren, nichtlinearen Einfluss des Drehmomentes auf die zweite Zahneingriffsordnung, während beim System mit drei Planeten dieser Einfluss in der dritten Zahneingriffsordnung erkennbar ist.

Sowohl für das System mit sechs Planeten als auch mit drei Planeten zeigt die Variante mit aufgebrachter Neigung die höchste Anregung in der 1.Oz. Die Hypothese, die im Rahmen dieser Arbeit nicht mehr bestätigt werden kann, ist das Auftreten einer Eingriffsstörung im Bereich des Eingriffsbeginns mit dem Sonnenrad. Durch die überlagerte Achsabstandsabweichung in den Randbereichen und die vorliegende Flankenlinienwinkelabweichung könnte es hier zu einem Kontakt außerhalb der Eingriffsstrecke oder sogar des evolventischen Bereiches kommen, sodass eine verstärkte Anregung auftritt.

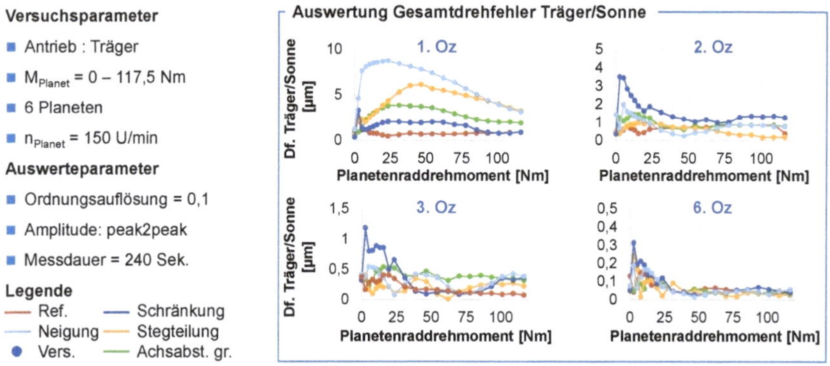


**Bild 31:** Gesamtdrehfehler des Systems mit sechs Planeten bei Achslageabweichungen der Planetenradachse

*Total Transmission Error of the System with Six Planets in Case of Axial Misalignments of the Planetary Gear*

Die Abstufung der Varianten untereinander ist für beide Planetenradanzahlen in der jeweiligen Ordnung identisch, ändert sich jedoch in Abhängigkeit der betrachteten Ordnung und korreliert nicht mit den Ergebnissen der Lastaufteilungsmessung. Daraus folgt, dass eine Variante mit schlechterer Lastaufteilung nicht per se eine höhere Anregung aufweisen muss.

## 5.5 Einfluss von Achslageabweichungen der Zentralelemente

*Influence of Axial Misalignments of the Central Elements*

Neben den Untersuchungen im ausgerichteten Zustand liegen ebenfalls Ergebnisse bei verlagertem Planetenträger aufgrund der vorhandenen Fertigungs- und Montageabweichungen vor, die in den vorangegangenen Untersuchungen kompensiert wurde. Der Einfluss eines verlagerten Planetenträgers auf die Lastaufteilung in einer Planetenstufe wird im vorangegangenen Abschnitt 4 am Beispiel der FVA Gondel diskutiert, sodass das folgende Kapitel das Anregungsverhalten fokussiert.

### 5.5.1 Analyse des Anregungsverhaltens

*Analysis of the Excitation Behavior*

In **Bild 32** sind die Ordnungsspektren für die Geradverzahnung bei drei unterschiedlichen Planetenradanzahlen und verlagerter Planetenträgerachse dargestellt. Das auf das Planetenrad bezogene Drehmoment beträgt in allen Versuchspunkten $M_{Planet}$ = 125 Nm. Aufgrund der Zähnezahl des stehenden Hohlrads von $z_{Hohlrad}$ = -103 liegt die erste Zahneingriffsordnung bezogen auf den Planetenträger bei $1.O_z$ = 103. Für die Konfiguration mit einem Planeten ist eine deutliche Anregung bei dieser Ordnung erkennbar. Bei drei und sechs Planeten hingegen wird die 103. Ordnung kaum angeregt, sondern die 102. Ordnung.

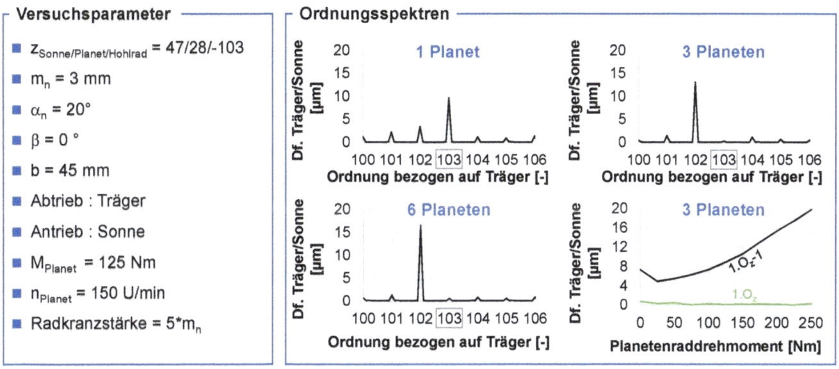


**Bild 32:** Vergleich der angeregten Ordnungen in Abhängigkeit der Planetenradanzahl

*Comparison of the Excited Orders According to the Number of Planets*

Beim Vergleich der Verläufe der 103. und 102. Ordnung über dem Drehmoment für drei Planeten ist zu erkennen, dass die 102. Ordnung eine deutliche Abhängigkeit vom Drehmoment aufzeigt, während die eigentliche $1.O_z$ unabhängig vom Drehmoment niedrig bleibt, vgl. Bild 32 unten rechts. Diese Beobachtungen decken sich zunächst mit den Ergebnissen der Körperschallanalysen von INALPOLAT [INAL09]. Dieser maß bei Planetengetrieben mit sequentiellem Eingriff und gleichmäßig verteilen Planeten hauptsächlich Anregungen in Ordnungen, die durch die Anzahl an Planeten teilbar sind und nicht in der $1.O_z$., vgl. Abschnitt 2.2.5. Die 102. Ordnung ist im Vergleich zur 103. Ordnung ganzzahlig durch drei und sechs teilbar. Die Betrachtung der angeregten Ordnungen in dem Bereich bis zur $6.O_z$ aller getesteten Referenzvarianten bestätigt diese Vermutung zumindest teilweise, vgl. **Bild 33**.

| | | Radkranz = 5 · $m_n$ | | | | Radkranz = 5 · $m_n$ | | | Radkranz = 3 · $m_n$ | | |
|---|---|---|---|---|---|---|---|---|---|---|---|
| | | Anzahl Planeten | | | | Anzahl Planeten | | | | | |
| Angeregte Ordnung | **Erwartet** | **1** | **3** | **6** | **Erwartet** | **1** | **3** | **6** | **1** | **3** | **6** |
| | **1.$O_z$: 103** | 103 | 102 | 102 | **1.$O_z$: 101** | 101 | 102 | 102 | 101 | 102 | 102 |
| | **2.$O_z$: 206** | 206 | 207 | 204 | **2.$O_z$: 202** | 202 | 201 | 204 | 202 | *202* ⚡ | 204 |
| | **3.$O_z$: 309** | 309 | 309 | 306 | **3.$O_z$: 303** | 303 | 303 | *302* ⚡ | 303 | 303 | *302/304* ⚡ |
| | **4.$O_z$: 412** | 412 | 411 | 414 | **4.$O_z$: 404** | 404 | 405 | *404* ⚡ | 404 | *404* ⚡ | *404* ⚡ |
| | **5.$O_z$: 515** | 515 | 516 | 516 | **5.$O_z$: 505** | 505 | 504 | 504 | 505 | *505* ⚡ | 504 |
| | **6.$O_z$: 618** | 618 | 618 | 618 | **6.$O_z$: 606** | 606 | 606 | 606 | 606 | 606 | 606 |
| | | | **Ganzzahlig teilbar durch drei** | **Ganzzahlig teilbar durch sechs** | | | **Ganzzahlig teilbar durch drei** | **Ganzzahlig teilbar durch sechs** | | **Ganzzahlig teilbar durch drei** | **Ganzzahlig teilbar durch sechs** |

**Bild 33:** Maximal angeregte Ordnungen im Bereich der Zahneingriffsordnungen

*Maximum Excited Orders in the Range of Gear Mesh Orders*

Bei der Geradverzahnung erfüllen alle angeregten Ordnungen die Bedingung von INALPOLAT [INAL09]. Die am stärksten angeregten Ordnungen weichen alle von der erwarteten Zahneingriffsordnung ab und sind ganzzahlig durch die Anzahl Planetenräder teilbar. Bei der schrägverzahnten Variante mit dickwandigem Hohlrad können Abweichungen von dieser Regel bei sechs Planeten im Bereich der 3.$O_Z$ und 4.$O_Z$ festgestellt werden. Bei der 3.$O_Z$ hätte nach INALPOLAT eine symmetrische Aufteilung der Anregung auf die 300. sowie 306. Ordnung stattfinden müssen [INAL09]. Im Bereich der 4.$O_Z$ hätte die 402. Ordnung angeregt werden müssen [INAL09]. Noch deutlichere Abweichungen treten bei dem dünnwandigen schrägverzahnten Hohlrad auf. Hier werden im Versuch häufig die nominellen Zahneingriffsordnungen angeregt anstatt der benachbarten Ordnungen, welche durch die Anzahl an Planetenrädern teilbar ist. In den Versuchen mit ausgerichtetem Planetenträger erfolgt die Anregung in den nominellen Zahneingriffsordnungen.

### 5.5.2 Entstehung von Modulationen in Planetengetrieben

*Origin of Modulation Effects in Planetary Gearboxes*

Der messtechnische Aufbau der hier vorgestellten Messzelle unterscheidet sich deutlich von dem Aufbau, an dem INALPOLAT seine Untersuchungen durchgeführt hat. Er untersuchte die Körperschallanregung an einer statischen Stelle des Hohlrades und erklärt die auftretenden Modulationen mit einer verstärkten Anregung durch den Planeten, der dem Sensor am nächsten ist. Dies führt zu einer Amplitudenmodulation der gemessenen Körperschallanregung in Abhängigkeit der Trägerdrehung. [INAL09]

Der hier auftretende Effekt wird jedoch im Drehfehlerverlauf des Gesamtdrehfehlers gemessen. Eine örtliche Annäherung des Planeten an den Sensor ist als Erklärung für die auftretende Amplitudenmodulation nicht zulässig, da der Abstand konstant bleibt und für alle Planeten identisch ist.

Bei der Betrachtung eines idealen Planetengetriebes mit sequentieller Eingriffsfolge sind die Drehfehler der jeweiligen Planeteneingriffe in der Amplitude identisch, vgl.

**Bild 34** oben links. Es sei vereinfacht angenommen, dass Sonnen- und Hohlradeingriff des Planeten phasengleich sind. Aufgrund der sequentiellen Eingriffsfolge an den Zentralrädern weisen die Einzelanregungen zueinander einen Phasenversatz auf. Die Einhüllende der Einzeldrehfehler beschreibt den Gesamtdrehfehlerverlauf, in dem die Anzahl der Maxima pro Teilung der Anzahl an Planeten entspricht. Die auftretenden Maxima sind alle identisch hoch, so dass im Fall eines idealen sequentiellen Planetengetriebes ohne Phasenversatz am Planeten die n-te Harmonische der Zahneingriffsordnung die höchste Anregung aufweist, wobei n die Anzahl an Planetenrädern beschreibt.

Bei einem abweichungsbehafteten Planetengetriebe sind die Einzelamplituden nicht zwingend identisch. Liegt beispielsweise eine Exzentrizität des Hohlrades vor, so wird ein Planet eine höhere Last übertragen als die übrigen beiden. Aufgrund der höheren Belastung steigt auch die Verformung in diesem Eingriff und damit der Drehfehler. Der resultierende Gesamtdrehfehler zeigt dann weiterhin einen Ordnungsanteil, welcher von der Anzahl Planeten abhängig ist, jedoch gibt es eine dominante Anregung pro Teilung. Durch diesen Effekt verlagert sich die höchste Anregung in den Bereich der 1.$O_Z$. Ist die vorhandene Abweichung einer Achslageabweichung der Zentralelemente und nicht einem einzelnen Planeten zuzuordnen, wechselt der Planet mit der stärksten Belastung in Abhängigkeit der Trägerposition.

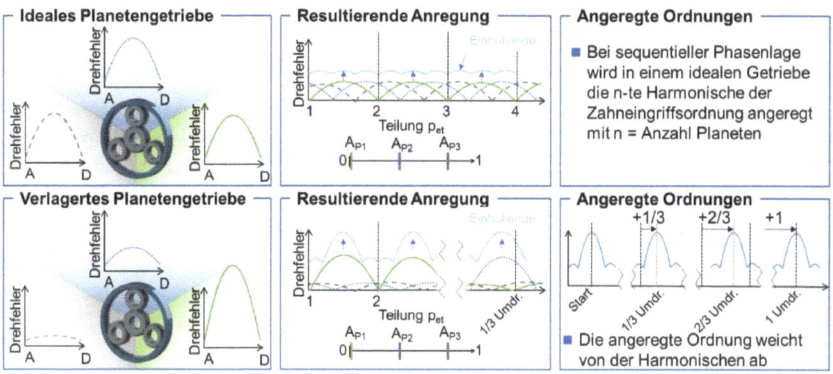


**Bild 34:** Erklärung von Modulationen im Drehfehlersignal aufgrund von Achslageabweichungen

*Explanation of Modulation Effects in the Transmission Error Signal Caused by Axial Misalignments*

Da die einzelnen Planeten aufgrund des sequentiellen Eingriffes in diesem Beispiel um eine Drittel Teilung phasenversetzt sind, ist auch das Maximum des Drehfehlerverlaufes nach einer Drittel Umdrehung um genau eine Drittel Teilung phasenversetzt, vgl. **Bild 34** unten rechts. Dieser Effekt wiederholt sich nach einer weiteren Drittel Umdrehung. Wird der Abstand zwischen den einzelnen Maxima jeweils um eine Drittel Teilung größer, gibt es nach einer Umdrehung des Trägers genau ein Maximum weniger als es Zahneingriffe gibt. Dieser Effekt sorgt in den hier gezeigten Messungen für die Verschiebung der angeregten Ordnung von der 103. Ordnung hin zur 102. Ordnung, vgl. Bild 32. Wird der Abstand zwischen den Maxima um zwei Drittel Teilungen größer bzw. um eine Drittel Teilung kleiner, würde die Anzahl an Maxima um zwei höher bzw. eins niedriger liegen als die Anzahl der Zahneingriffe. Dieser Umstand lässt sich bei der Schrägverzahnung beobachten, vgl. Bild 33.

Der Übergang zwischen der maximalen Anregung durch den einen Planeten zur Anregung durch den anderen Planeten findet in der Regel fließend statt, sodass sich im Signal nicht eindeutig zuordnen lässt, ob das beobachtete Maximum der ursprünglichen Amplitude um eine Drittel Teilung voreilt oder um zwei Drittel Teilungen nacheilt. Wird das Signal einer FFT unterzogen, so werden zwei Ordnungen mit erhöhter Anregung identifiziert. In diesem Beispiel mit drei Planeten die $1.O_z$ -1 und die $1.O_z$+2, letztere mit einer im Vergleich geringeren Amplitude. Der beschriebene Effekt führt dazu, dass die Anzahl der Maxima und damit auch die durch die FFT ermittelten angeregten Ordnung bei einer sequentiellen Eingriffsfolge immer ein Vielfaches der Planetenradanzahl entsprechen, wenn Achslageabweichungen der Zentralelemente vorliegen. Die angeregten Ordnungen können mit Hilfe der Phasenverschiebung an den Zentralrädern berechnet werden, Gleichung **(5-1)** und **(5-2)**.

$$1.\ O_z + x = z_{zentral,fest} + \left(1 - mod\left(\frac{z_{zentral,fest}}{n}\right)/n\right) \cdot n \tag{5-1}$$

$$1.O_z - y = z_{zentral,fest} - mod\left(\frac{z_{zentral,fest}}{n}\right) \tag{5-2}$$

Modulationseffekte die von INALPOLAT und PLÖGER in den Körperschallsignalen am statischen Hohlrad festgestellt werden können, treten damit ähnlich auch im Drehfehlerverlauf auf [INAL09, PLÖG19]. Die Ursache der beobachteten Ordnungsverschiebung ist hier eine Kombination aus einer Amplitudenmodulation über eine Trägerumdrehung sowie eine Frequenzmodulation aufgrund der Phasenverschiebung. Am Prüfstand kann dieser Effekt auf die Fehlstellung des Planetenträgers zurückgeführt werden, welcher über eine Messung auf einem Koordinatenmessgerät nachgewiesen werden konnte, siehe Abschnitt 5.2. Hierdurch kommt es zu einer über dem Umlauf variablen Schiefstellung und Achsabstandsabweichung zwischen Hohlrad- und Planetenträgerachse.

Damit der beschriebene Effekt eintritt müssen drei Bedingungen erfüllt sein:

1. Über eine Trägerumdrehung muss eine Amplitudenmodulation der Zahneingriffsordnung auftreten
2. Der Leistungspfad, der die höchste Anregung verursacht, muss variieren
3. Eine Frequenzmodulation durch zueinander phasenverschobene Eingriffe an den Zentralrädern muss vorliegen

Die Lastabhängigkeit der Anregung bei verlagertem Planetenträger wird im folgenden Abschnitt zusammen mit dem Einfluss der Radkranzsteifigkeit des Hohlrades aufgezeigt.

## 5.6 Einfluss der Radkranzsteifigkeit

*Influence of the Rim Stiffness*

Im Rahmen der Untersuchungen erfolgte der Test zweier unterschiedlicher Hohlradkranzstärken. Die Variante mit dem dickwandigen Radkranz weist eine Stärke von $s_r = 5 \cdot m_n$ auf, die dünnwandige Variante eine Stärke von $s_r = 3 \cdot m_n$. Die nachfolgenden Ergebnisse zeigen den Einfluss der Radkranzstärke bei überlagerter Trägerabweichung nach Kapitel 5.2. Aufgrund der auftretenden Modulationseffekte werden für drei und sechs Planeten jeweils die modulierten Ordnungen im Bereich der jeweiligen Zahneingriffsordnung dargestellt. Der Einfluss der Radkranzstärke des Hohlrades auf das Anregungsverhalten im Bereich der dominierenden ersten Zahneingriffsordnung kann **Bild 35** entnommen werden.

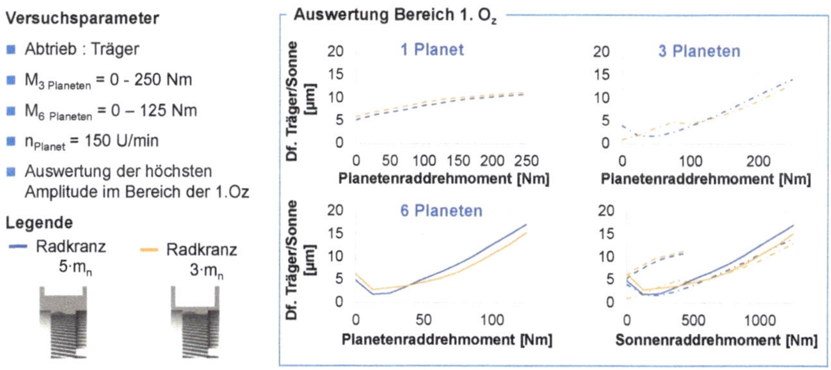


**Bild 35:** Einfluss der Radkranzstärke bei einem, drei und sechs Planeten sowie überlagerter Trägerabweichung

*Influence of Rim Thickness with One, Three and Six Planets and Superimposed Carrier Misalignments*

Für das System mit einem Planeten ist nahezu kein Einfluss der Radkranzstärke erkennbar. Bei drei und sechs Planeten zeigen sich für höhere Drehmomente Unterschiede in der Amplitude, während der Verlauf relativ identisch bleibt. Im direkten Vergleich aller Varianten über dem Sonnenraddrehmoment ist erkennbar, dass die Anregung im Bereich der ersten Zahneingriffsordnung kaum durch den Faktor Planetenradanzahl beeinflusst wird, solange diese nicht eins beträgt. Die Ursache ist der fehlende Lastausgleich durch die Anordnung der Planeten im System mit sechs Planeten. Im Vergleich zum ausgerichteten System, vgl. Bild 24, ist ein geändertes Verhalten bei steigendem Drehmoment erkennbar. Während das Anregungsverhalten im ausgerichteten Zustand bei höheren Drehmomenten im Bereich der ersten Zahneingriffsordnung verbessert wird, wird es durch die aufgebrachte Trägerverlagerung schlechter, vgl. Bild 24 und Bild 35. Zudem werden höhere Amplituden beobachtet. Die Hypothese zur Ursache der erhöhten Anregung, die im Rahmen dieser Arbeit nicht belegt werden kann, ist das Auftreten von Eingriffsstörungen in Form von vorzeitigen und nachzeitigen

Zahnkontakten oder auch Flankenkontakt im nicht-evolventischen Bereich auf Grund der vorliegenden Trägerverlagerung.

Der Einfluss der zusätzlich aufgebrachten Achslageabweichungen an einem Planeten bei überlagerter Trägerverlagerung ist für beide Radkranzstärken des Hohlrades in **Bild 36** dargestellt. Zu erkennen ist, dass für alle Konfigurationen die Referenzvariante ohne zusätzliche Achslageabweichungen am Planetenrad die höchsten Anregungen im Bereich der ersten Zahneingriffsordnung aufweist. Für die beiden dickwandigen Konfigurationen sowie der dünnwandigen Konfiguration mit sechs Planeten ist der Verlauf der Varianten mit Achslageabweichung am Planetenrad vergleichbar zur jeweiligen Referenz. Unterschiede treten im Bereich der Steigung nach dem lokalen Minimum im Niedriglastbereich auf. Die maximalen Amplituden bei der geringeren Radkranzstärke sind dabei niedriger als bei der dickeren Variante. Besonders deutlich ist dies im System mit drei Planeten erkennbar, in dem durch die verringerte Radkranzsteifigkeit eine deutliche Reduktion der Anregung im Bereich der ersten Zahneingriffsordnung festzustellen ist.

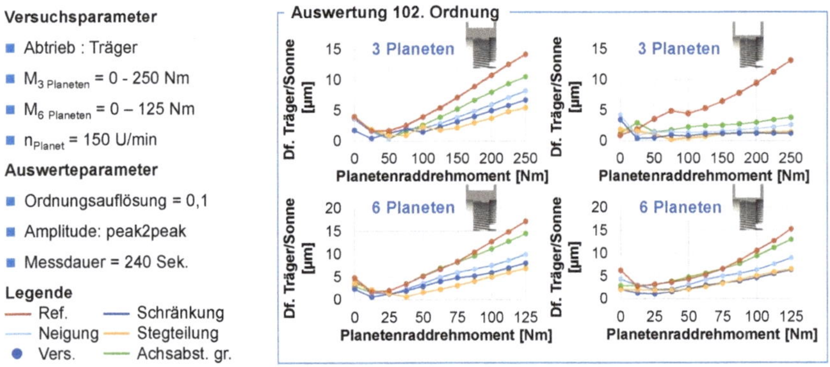


**Bild 36:** Einfluss der Radkranzsteifigkeit auf den Gesamtdrehfehler im Bereich der 1.Oz bei Achslageabweichungen der Planetenradachse

*Influence of the Rim Stiffness on the Total Transmission Error in the Range of 1.Oz with Axial Misalignments of the Planetary Gear Shaft*

Ein Vergleich der gemessenen Topographien vor und nach der Durchführung der Untersuchungen zeigt, dass sich die Flanken des Hohlrades aufgrund der geringeren Härte durch den verwendeten Vergütungsstahl im Vergleich zum einsatzgehärteten Einsatzstahl der Planeten und Sonnenräder verändert haben, vgl. **A 11**. Aufgrund der starken Schiefstellung und der lokal erhöhten Beanspruchungen wird im Laufe der Versuche Material auf der Hohlradflanke abrasiv abgetragen. Der Abtrag erfolgt dabei insbesondere im Kopfbereich sowie in den Randbereichen in Abhängigkeit der Richtung der wirkenden Flankenlinienwinkelabweichung. Dadurch ist die sinkende Amplitude im Bereich der 1.$O_z$ trotz vorliegender Achslageabweichung zu erklären. Die Abstufung zwischen den Varianten entspricht dabei der Versuchsreihenfolge. Der Einfluss des dünnwandigen Radkranzes auf das System mit drei Planeten und vorliegenden Achslageabweichungen ist hierdurch allerdings nicht zu erklären. Die Versuche mit sechs Planeten erfolgten chronologisch später, wodurch sich bei einem starken Einlaufen der Flanken ebenfalls eine deutliche Verbesserung zeigen sollte. Eine Verschiebung auf andere Ordnungen ist ebenfalls nicht zu beobachten, vgl. **Bild 37**. Ferner ist eine breitbandige Anregung im Bereich der $1.O_z$ festzustellen, welche bei beiden Radkranzvarianten die gleichen Systematiken jedoch verringerte Amplituden bei beim dünnwandigeren Radkranz aufweisen. Demnach senkt der dünnwandige Radkranz die Anregung im Bereich der $1.O_z$ bei auftretenden Achslageabweichungen aufgrund der geringeren Eingriffssteifigkeit und der damit besseren Lastauf- und insbesondere -verteilung. Zudem tritt in Verbindung mit einer überlagerten Planetenträgerabweichung eine breitbandigere Anregung im Bereich der $1.O_z$ auf, welche die maximale Amplitude in diesem Bereich reduziert.

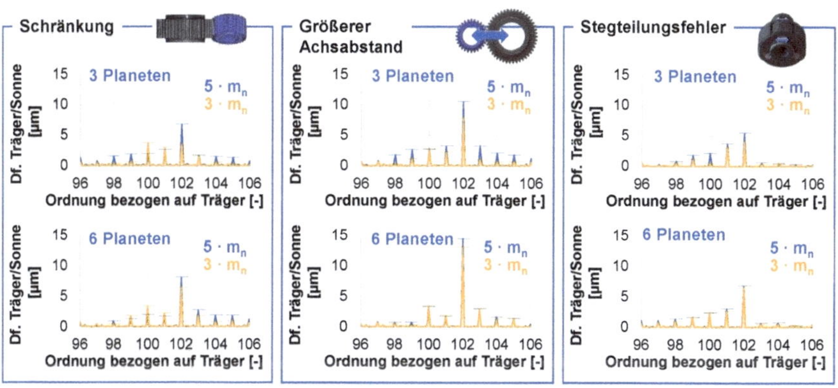


**Bild 37:** Amplituden im Bereich der $1.O_z$ in Abhängigkeit der Achslageabweichung und Radkranzstärke

*Amplitudes in the Range of $1.O_g$ as a Function of Axial Misalignment and Rim Thickness*

Bild 37 zeigt zudem, dass die Seitenbandcharakteristik im Bereich der $1.O_z$ von der vorliegenden Achslageabweichung beeinflusst wird. Unabhängig von der Radkranzstärke oder Planetenradanzahl kann beispielsweise für den einfachen Stegteilungsfehler eine einseitige Seitenbandausprägung hin zu niedrigeren Drehordnungen beobachtet werden. Eine gezielte Untersuchung der Seitenbandcharakteristik in Abhängigkeit der vorliegenden Achslageabweichung erfolgt im Rahmen dieser Arbeit nicht. Sollte sich die Vermutung des Zusammenhanges bestätigen, bietet dies Potential zur Erkennung von Achslageabweichungen in einem bereits montierten Getriebe anhand des Drehfehlers.

In **Bild 38** ist der Verlauf der gemessenen Drehfehleramplitude des Gesamtdrehfehlers für die auf Grund der Phasenlage zu erwartende maximal angeregte Zahneingriffsordnungen dargestellt. Zu erkennen ist, dass diese, ähnlich wie im ausgerichteten Fall, niedrigere Amplituden als die erste Zahneingriffsordnung aufweisen, vgl. Bild 38, Bild 30, Bild 31. Die Anregung der $3.O_z$ bzw. $6.O_z$ liegt bei einer Trägerschiefstellung im selben Größenbereich wie im ausgerichteten System, vgl. Bild 24 und Bild 38. Auch der Verlauf der Amplituden über dem Drehmoment ist mit dem des ausgerichteten Systems vergleichbar. Anders als in der 1.$O_Z$ ist kein deutlicher Einfluss der Radkranzsteifigkeit auf die Amplituden erkennbar. Im System mit drei Planeten tritt bei der dickwandigen Hohlradvariante das lokale Minimum abhängig von der aufgeprägten Achslageabweichung zwischen $M_{Planet}$ = 75 Nm und $M_{Planet}$ = 125 Nm auf. Während bei der dünnwandigen Variante alle Minima bei $M_{Planet}$ = 100 Nm mit Ausnahme der Stegteilungsabweichung auftreten. Für das System mit sechs Planeten ist in der 6.$O_Z$ keine Regelmäßigkeit erkennbar.

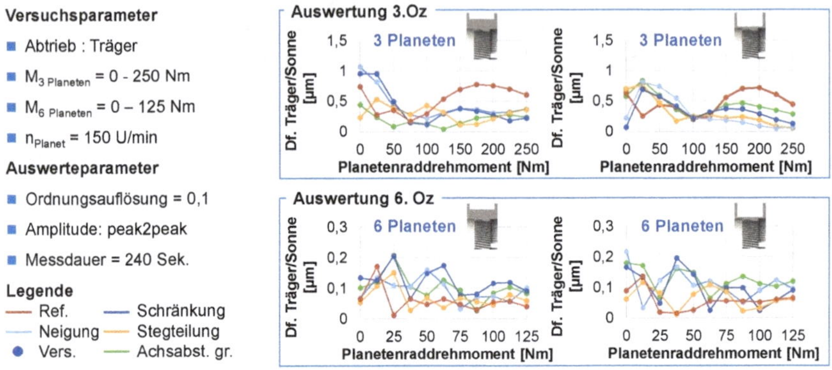


**Bild 38:** Einfluss der Radkranzsteifigkeit auf den Gesamtdrehfehler der 3.Oz und 6.Oz bei Achslageabweichungen der Planetenradachse

*Influence of Rim Stiffness on the Total Transmission Error of the 3.$O_G$ and 6.$O_G$ in the Case of Axial Misalignments of the Planetary Gear Shaft*

## 5.7 Fazit

*Conclusion*

Die Untersuchungen zeigen den Effekt unterschiedlicher Einflussgrößen auf das Anregungs- sowie Lastverteilungs- und Verlagerungsverhalten von Planetengetrieben auf. Im Fokus dieses Abschnittes steht die Beantwortung des zweiten Teils der ersten Forschungsfrage, welche Auswirkungen die auftretenden Verformungen und Verlagerungen auf das Einsatzverhalten von Planetengetrieben im elastischen Verzahnungsumfeld aufweisen. Hierzu konnten umfassende Untersuchungen durchgeführt und Ergebnisse dokumentiert werden:

Als Erweiterung des Standes der Technik ist insbesondere die erhöhte Anregung der ersten Zahneingriffsordnung im Gesamtdrehfehler des Planetengetriebes trotz der sequentiellen Eingriffsfolge zu erwähnen. Die Anregungen im Bereich der zu erwartenden maximalen Drehordnung (3.$O_Z$ bei drei Planeten und 6.$O_Z$ bei sechs Planeten) werden kaum durch aufgeprägte Achslageabweichungen an einem Planeten beeinflusst und zeigen im Vergleich zur 1.$O_Z$ geringe Amplituden.

Die Messung der Hohlraddehnung ermöglicht eine Aussage über den Einfluss der Variationsgrößen auf die Lastverteilung. Sowohl im System mit sechs als auch mit drei Planeten kann ab einem Grenzdrehmoment ein dauerhafter Spannungszustand und damit eine Verformung im Hohlrad gemessen werden. Auf Grund der räumlichen Nähe der Eingriffe beim System mit sechs Planeten tritt dieser Zustand dort früher auf. Damit kann die gegenseitige Beeinflussung der Eingriffe über die strukturelle Verformung des Hohlradkranzes nachgewiesen werden. Die Auswirkungen der Beeinflussung der Eingriffe kann nicht explizit ermittelt werden, da übergeordnete Effekte den Vergleich erschweren.

So kann im System mit sechs Planeten beobachtet werden, dass aufgrund der symmetrischen Anordnung der Planetenräder eine Überlast an einem Rad, durch das gegenüberliegende Rad kompensiert wird. Damit treten hohe Lastaufteilungsfaktoren auf, die die Tragfähigkeit der Verzahnungen und Lager negativ beeinflussen. Das Sonnenrad ist im System mit sechs Planeten in der Lage, sich in der gleichen Größenordnung wie bei drei Planeten einzustellen. Aufgrund der gegenüberliegenden Anordnung der Planeten wird jedoch keine ausgeglichene Lastaufteilung erreicht. Für Systeme, in denen Planeten gegenüberliegend angeordnet werden, empfehlen sich daher lastausgleichende Maßnahmen, die in Rotationsrichtung der einzelnen Komponenten wirken, wie beispielsweise niedrige Torsionssteifigkeiten des Sonnenrades und des Planetenträgers, geringe Eingriffssteifigkeiten oder flexibel gelagerte Planetenräder. Der Einfluss der Planetenradanzahl auf das Anregungsverhalten ist im hier gezeigten System untergeordnet. Es ergeben sich zwischen drei und sechs Planeten insbesondere Unterschiede im Bereich der 3.$O_z$ und 6.$O_z$. Die maximale Amplitude im Bereich der 1.$O_z$ wird kaum beeinflusst.

Die effektiven Kontaktabstände resultierend aus den Achslageabweichungen der Planeten korrelieren mit der gemessenen Lastaufteilung, geben jedoch keine Aussage über das Anregungsverhalten. Eine Korrelation zwischen Anregungsverhalten und Lastaufteilung kann in den hier untersuchten Varianten generell nicht festgestellt werden. Ursache hierfür ist die zusätzliche Beeinflussung der Anregung aus Eingriffsstörungen, verlagerten Berührlinien und generell sich ändernden Eingriffsverhältnissen, welche primär keinen Einfluss auf die Lastverteilung zeigen, aber das Anregungsverhalten beeinflussen. Die Variante mit aufgeprägter Neigung zeigt die höchsten Anregungen insbesondere im Bereich der 1.$O_z$ unabhängig von der Anzahl der verbauten Planeten. Vermutet wird ein Einfluss aus Eingriffsstörungen im Kopfbereich des Planeten, da der Unterschied im Vergleich zur geschränkten Variante mit ähnlichen Eigenschaften zu deutlich ist.

Die Untersuchungen mit Trägerschiefstellung ergänzen die Beobachtungen aus Kapitel 4 um den Einfluss auf das Anregungsverhalten. Durch die Schiefstellung des Trägers erfolgt eine Modulation der angeregten Ordnungen sowie eine breitbandigere Anregung im Fall von überlagerten Achslageabweichungen. Die Modulation konnte auf wechselnde Anregungen einzelner Planeten aufgrund der Drehbewegung des Trägers zurückgeführt werden und ergänzt damit den Stand der Technik um Modulationseffekte im Drehfehlersignal. Dieser konnten bisher an Planetengetrieben ausschließlich im Körperschall aufgrund anderer Mechanismen nachgewiesen werden [INAL09, PLÖG19].

Der Vergleich der zwei unterschiedlichen Hohlradkranzstärken zeigt eine Verbesserung des Anregungsverhaltens für verlagerte Planetenträger bei der dünnwandigeren Variante. Insbesondere im System mit drei Planeten wird bei zusätzlichen Achslageabweichung an einem Rad eine Reduktion der maximalen Anregung im Bereich der 1.$O_z$ deutlich. Es kann gezeigt werden, dass sich die Anregung nicht auf weitere Ordnungen im selben Bereich verschiebt, sondern diese reduziert werden. Zudem scheint es einen Einfluss der Achslageabweichungen auf die Seitenbandcharakteristik zu geben, der in weiteren Arbeiten untersucht werden sollte.

# 6 Methode zur Vorhersage des Einsatzverhaltens von Planetengetrieben im elastischen Verzahnungsumfeld

*Method for Predicting the Application Behavior of Planetary Gearboxes with Elastic Gearing Surroundings*

Die gewonnenen Erkenntnisse aus den Prüfstandsuntersuchungen zeigen, welche Einflüsse aus dem Verformungs- und Verlagerungsverhalten des Getriebes auf die Kontaktbedingungen und damit auch das Einsatzverhalten zu erwarten sind. Bei der Auslegung und Optimierung von Getriebesystemen ist die genaue Kenntnis der sich einstellenden Kontaktposition sowie die Auswirkung auf das Einsatzverhalten essenziell. Insbesondere wenn zusätzliche leistungsdichtesteigernde Maßnahmen wie die Reduktion von Material an Umfeld und Verzahnung oder der Einsatz zusätzlicher Planeten ergriffen werden, muss der Einfluss auf das Einsatzverhalten abschätzbar sein. Aus diesem Grund wird im Rahmen dieser Arbeit eine Methode zur Planetengetriebesimulation (kurz Plagesi) entwickelt, welche die identifizierten Effekte und deren Einflüsse auf das System abbilden und in der Auslegung nutzbar machen soll.

Die Methode wird als FE-basierte Methode auf Basis der vorhandenen Zahnkontaktanalyse FE-Stirnradkette entwickelt. Die FE-Stirnradkette ist bislang auf Einzeleingriffe und die Berechnung einfacher Verteilgetriebe limitiert [WECK03]. Planetengetriebe und die dort vorliegende Lastaufteilung können nicht abgebildet werden. Zudem werden bislang Wechselwirkungen zwischen mehreren an einem Rad vorherrschenden Eingriffen vernachlässigt. Insbesondere in Systemen mit flexiblen Hohlrädern und hohen Sonnenradtorsionen führt dies zu einer Ungenauigkeit in der Abbildung. Ferner ist die Berücksichtigung von relevanten Strukturkomponenten wie dem Hohlradgehäuse sowie dem Planetenträger nicht möglich.

Im nachfolgenden Abschnitt wird daher zunächst die Einflusszahlenmethode erweitert, um die gegenseitige Beeinflussung mehrerer Eingriffe an einem Rad über die strukturelle Verformung, wie sie durch die Messung festgestellt wurde, abzubilden, vgl. Bild 25. Nachfolgend wird ein Federmodell entsprechend der Kinetik von Planetengetrieben aufgebaut, welches mit Hilfe der erweiterten Einflusszahlen die Zahnkontakte unter Berücksichtigung des Gesamtsystems in einem Federmodell löst. Nach Abschluss dieser beiden Schritte, ist bereits die Berechnung von Planetengetrieben möglich. Um die Abbildungsgüte hinsichtlich elastischer Verformungen des Getriebeumfeldes zu erhöhen, wird eine Methode zur Einbindung des Hohlradgehäuses in die Einflusszahlenberechnung entwickelt sowie eine Methode zur Berücksichtigung von Trägerverformungen. Globale Verformungen des Getriebesystems resultierend bspw. aus Anschlusskonstruktionen können Achslageabweichungen der Zentralelemente bedingen, welche zu über dem Umfang variablen Kontaktbedingungen führen, vgl. Bild 14, Bild 15 und Bild 34. Zur Abbildung von Achslageabweichungen der Zentralelemente wird daher ein Rahmenprogramm entwickelt, welches den Rechenkern mehrfach ansteuert und die aktuell vorliegenden Kontaktbedingungen berechnet. Um den Einfluss der variablen Lasten bewerten zu können, wird eine lokale Schadensakkumulation für eine komplette Überrollung des Planetengetriebes implementiert.

## 6.1 Einflusszahlenmethode zur Abbildung der Wechselwirkungen im Mehrfacheingriff

*Influence Coefficient Approach for Depicting Interactions of Multiple Meshes*

FE-basierte Zahnkontaktanalysen nutzen zur Bestimmung der Zahneingriffssteifigkeit Finite Elemente Modelle. Hierbei werden diskrete Punkte des Modells auf der Zahnflanke belastet und die Verformungsantwort des Modells ermittelt. Die belasteten Punkte befinden sich sowohl in der hier entwickelten Methode wie auch in der FE-Stirnradkette auf der aktuell vorliegenden Berührlinie der Kontaktpartner. Die Berührlinie wird analytisch im lastfreien Zustand mit Hilfe der Eingriffsstrecke und der aktuell vorliegenden Winkelstellung der Getriebeelemente ermittelt. In Planetengetrieben ist dabei die Phasenverschiebung zwischen den einzelnen Eingriffen zu berücksichtigen, um die der Wälzposition des Getriebes entsprechenden Berührlinien und damit Steifigkeiten zu bestimmen.

**Bild 39** zeigt die Berührlinien an einem Zahn des Eingriffes sowie das daraus resultierende Einflusszahlenmodell für die einzelnen Räder eines Planetengetriebes. Das Planetenrad weist zwei Eingriffe, einerseits mit dem Hohlrad und andererseits mit dem Sonnenrad, auf. Die kinematische Besonderheit, dass am Planetenrad kein Drehmoment abgenommen, sondern sich die Kraft des Sonneneingriffs im Hohlradeingriff abstützt, kann über die Einflusszahlenmethode nicht abgebildet werden.

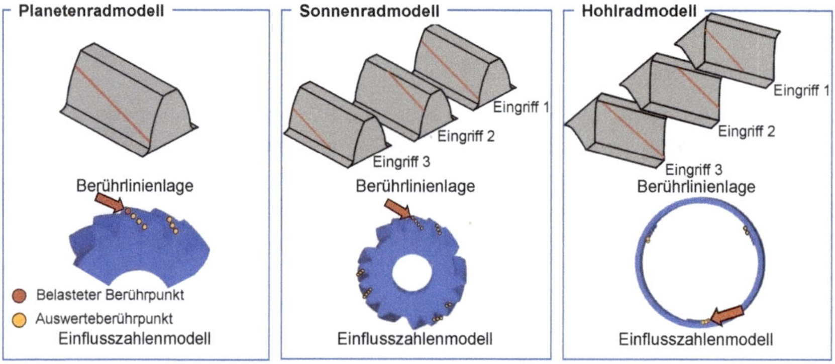


**Bild 39:** Berührlinien und Einflusszahlenmodell der jeweiligen Elemente

*Contact Lines and Influence Coefficient Model of the Individual Gears*

Grund hierfür ist, dass eine starre Fesselung an mindestens einem Knoten anliegen muss, an dem die angreifende Kraft abgestützt werden kann. Das Planetenrad wird daher, wie auch in der FE-Stirnradkette üblich, als Zahnradsegment modelliert und an den Schnittflächen gefesselt. Eine Beeinflussung des Sonneneingriffs auf den Hohlradeingriff durch eine strukturelle Verformung des Planetenrades, wie beispielsweise eine Ovalisierung, kann so nicht korrekt abgebildet werden. Über den Aufbau des Planetenrades als halbes Zahnrad und der Fesselung an den entstehenden Schnittflächen, kann das Verhalten jedoch angenähert werden.

Zur Bestimmung der Berührlinien des Sonnenrades wird der Eingriff mit dem ersten Planeten als Referenz gewählt. Entsprechend der Verteilung der übrigen Planeten ergeben sich die belasteten Zähne und Lage der Berührlinien anhand der Phasenlage. Die Phasenlage der Planeten an einem Zentralrad wird anhand der Methode von KÜCÜKAY bestimmt [KÜÇÜ87]. Damit beinhaltet das Einflusszahlenmodell der Sonne die Information aller gleichzeitig in Kontakt stehender Berührlinien.

Neben der Phasenverschiebung am Zentralrad können auch die Eingriffe an einem Planeten zwischen dem Sonnen- und Hohlradeingriff phasenversetzt sein. Die Phasenverschiebung zwischen den beiden Eingriffen eines Planeten wird anhand der Methode von PIEL in Abhängigkeit des Betriebsmodus des Planetengetriebes bestimmt und alle Berührlinien im Hohlradeingriff um den entsprechenden Betrag verschoben [PIEL20].

Die Berührlinien der einzelnen Modelle werden in diskrete Berührpunkte überführt, an denen eine Einheitslast in Zahnnormalenrichtung aufgeprägt wird. Die Lastaufprägung erfolgt dabei einzeln, sodass das FE-Modell pro Berührpunkt einmal gelöst wird. Die Verformung der übrigen Berührpunkte des Zahneingriffes aufgrund dieser einen Einheitslast werden gespeichert und ergeben die Kreuzeinflusszahlen.

Die Bestimmung der Einflusszahlen an den Zentralrädern unterscheidet sich von der bisherigen Vorgehensweise, die weiterhin am Planetenrad verwendet wird. Das Sonnen- und Hohlrad haben eine definierte Schnittstelle zur Umgebung an der das anliegende Drehmoment abgestützt wird, sodass eine Fesselung an dieser Stelle im FE-Modell vorgesehen werden kann. Anders als bisher üblich werden nun eingriffsübergreifend alle Berührpunkte an einem Rad nach und nach belastet und die Verformungsantworten ebenfalls eingriffsübergreifend ermittelt. Dadurch können an den Zentralrädern die Kreuzeinflüsse zwischen den einzelnen Planeteneingriffen berücksichtigt werden, vgl. Bild 39.

**Bild 40** zeigt den Mehrwert der Lösung der neuen gekoppelten Einflusszahlenberechnung im Vergleich zur ursprünglichen Berechnung von Einzeleingriffen. Die Modelle des Hohlrades und Sonnenrades sind jeweils einseitig an der Drehmomentenabstützung gefesselt und weisen sechs Eingriffe auf. Die Verformung bei der Belastung nur eines Eingriffes zeigt im Hohlrad eine starke Ausbeulung des Radkranzes und Abdrängung des Radmittelpunktes. Ursächlich hierfür ist die Radialkraft, die im Zahneingriff entsteht. Bei der simultanen Belastung aller Eingriffe heben sich die Radialkräfte aus den einzelnen Planeteneingriffen aufgrund ihrer symmetrischen Anordnung auf und das Hohlrad ist weiterhin zentriert. Zusätzlich tritt über die Verspannung des Hohlradkranzes ein versteifender Effekt auf, sodass die Verformungen im Bereich der Lastaufprägungen deutlich reduziert werden.

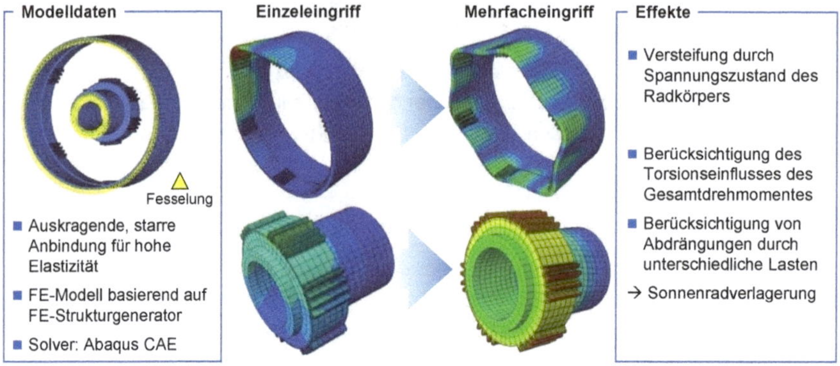


**Bild 40:** Einfluss des Mehrfacheingriffes auf die strukturelle Verformung

*Influence of Multiple Meshes on the Structural Deformation*

Am Sonnenrad kann im Einzeleingriff ebenfalls eine Abdrängung des Rades aufgrund der Radialkraft beobachtet werden, vgl. Bild 40 unten. Bei der simultanen Belastung in allen Eingriffen zentriert sich das Sonnenrad.

Die Torsionsverformung der Sonnenradwelle und der Zahnflanken ist abhängig vom anliegenden Gesamtdrehmoment. Bei der Belastung eines einzelnen Eingriffes wird nur ein Teil des Gesamtdrehmomentes aufgeprägt, sodass kaum eine Torsionsverformung der Verzahnung und Welle resultiert. Bei der Belastung aller Eingriffe liegt das gesamte Drehmoment an, sodass die Torsionsverformung des Sonnenrades abgebildet wird. Durch eine ungleichmäßige Lastaufteilung zwischen den Eingriffen kann das Sonnenrad zudem radial abgedrängt werden. Dies wirkt sich bei der Berücksichtigung des Mehrfacheingriffes ebenfalls auf die übrigen Eingriffe aus, sodass elastische Sonnenverlagerungen implizit über die Einflusszahlen abgebildet werden können.

## 6.2 Federmodell zur Berechnung des Einsatzverhaltens von Planetengetrieben

*Spring Model for Calculating the Application Behavior of Planetary Gearboxes*

Über die Einflusszahlenkopplung können strukturelle Verformungen der Eingriffe und Räder über die Einflusszahlen abgebildet werden. Eine Einflusszahl beschreibt dabei die Verformung eines Berührpunktes aufgrund einer angreifenden Kraft. Wie sich die Kräfte auf die einzelnen Eingriffe und schließlich auf der Zahnflanke aufteilen, wird über ein Federmodell, welches die Kinetik von Planetengetrieben abbildet, ermittelt vgl. **Bild 41**.

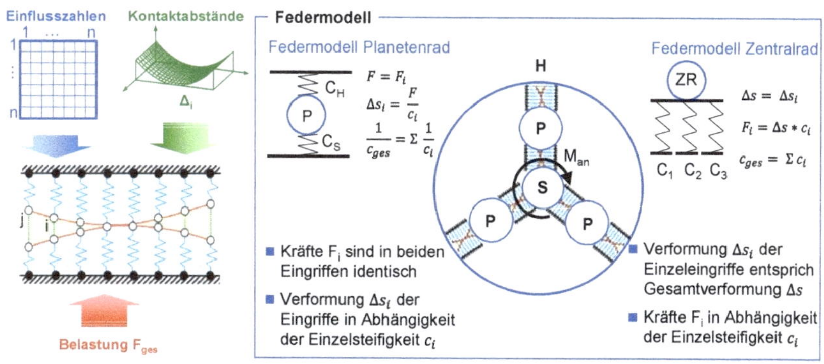


**Bild 41:** Ersatzfedermodell eines Planetengetriebes

*Equivalent Spring Model of a Planetary Gearbox*

Das Ersatzfedermodell eines einzelnen Zahneingriffes ist in Bild 41 links dargestellt. Hierbei wird der Zahnkontakt als Parallelschaltung von Federn modelliert, welche an den Berührpunkten angreifen. Zusätzlich zu den abgebildeten Federn sind alle Berührpunkte zusätzlich untereinander mit Federn verbunden, um Kreuzeinflüsse zu berücksichtigen. Die vorberechneten Einflusszahlen beschreiben dabei den Kehrwert der Federsteifigkeit. Neben den Federsteifigkeiten werden die Kontaktabstände der Federn sowie die Gesamtkraft des Zahneingriffes benötigt.

Zur Abbildung eines Planetengetriebes ist es notwendig, dass die Lösung des Federmodells ganzheitlich erfolgt, da sich alle Eingriffe untereinander beeinflussen. Hierzu wird jeder einzelne Zahneingriff über das in Bild 41 links dargestellte Federmodell abgebildet. Diese Teilmodelle werden dann miteinander entsprechend der Planetengetriebekinetik verschaltet. Da am Planetenrad kein Drehmoment abgenommen wird, liegt im verlustfreien Betrieb ein Drehmomentengleichgewicht zwischen den beiden Eingriffen vor. Im Federmodell wird dies über eine Reihenschaltung der beiden Eingriffe berücksichtigt.

An den Zentralrädern werden die Federpakete der Zahneingriffe eines Planeten um die Federn aus allen Eingriffen an diesem Zentralrad erweitert. Das Modell entspricht einer erweiterten Parallelschaltung aller Eingriffe an diesem Rad. Dies führt dazu, dass die Gesamtverformung $\Delta s$ aller Eingriffe an einem Zentralrad identisch ist und sich die Zahnkräfte $F_i$ bzw. das Drehmoment entsprechend der jeweiligen lokalen Eingriffssteifigkeiten $c_i$ auf die einzelnen Leistungspfade aufteilen.

Zur Lösung des Gesamtsystems werden die Submodelle von Planeten- und Zentralrädern zu einem Gesamtmodell zusammengefügt. Für die Lösung des Gesamtmodells wird ein Gleichungssystem auf Basis der Federgleichungen aufgebaut. Durch die Verwendung von Gleichgewichts- und weiteren Randbedingungen ist dieses durch die Vorgabe eines einzigen Drehmomentes eindeutig lösbar. Das Gleichungssystem wird dabei für jede Wälzstellung des Getriebes neu aufgestellt und gelöst. Als Ergebnis des

Gleichungssystems liegen die Einzelfederkräfte, Zahnkontaktkräfte und Verformungswege der Einzeleingriffe vor. Die Ergebnisse des Federmodells werden über ein Postprocessing in die Kennwerte des Einsatzverhaltens, wie Flankenpressungen und Drehfehler, überführt.

## 6.3 Anbindung der Strukturelemente

*Including Structural Elements*

Die Untersuchungsergebnisse zeigen, dass die Verformung der Strukturkomponenten in Form des Planetenträgers und Hohlradgehäuses das Anregungs- und damit auch das Kontaktverhalten in elastischen Systemen maßgeblich bestimmen. Zur Vorhersage des Einsatzverhaltens von Planetengetrieben müssen diese Komponenten daher zwingend berücksichtigt werden. Im Rahmen dieser Arbeit wird daher eine Methode entwickelt, mit welcher das Hohlradgehäuse und dessen Steifigkeitseinfluss direkt in der Zahnkontaktanalyse berücksichtigt wird. Für den Planetenträger werden die resultierenden Verlagerungen der Zahnkontakte vorberechnet und in die Eingriffsebene überführt.

### 6.3.1 Einbindung des Hohlradgehäuses in die Einflusszahlenberechnung

*Including the Ring Gear Housing in the Influence Coefficient Calculation*

Das Hohlradgehäuse beeinflusst direkt das Verformungsverhalten der Hohlradeingriffe und wirkt sich so auf die Eingriffssteifigkeiten und damit auch die Lastverteilung aus [SFAR11]. Daher wird im Folgenden eine Methode vorgestellt, mit welcher das Hohlradgehäuse direkt mit der Hohlradverzahnung verbunden und bei der Einflusszahlenberechnung berücksichtigt werden kann.

Um die Hohlradverzahnung mit dem Gehäuse koppeln zu können, werden zwei separate FE-Modelle benötigt. Das FE-Modell der Verzahnung wird über den FE-Strukturgenerator der FE-Stirnradkette inklusive aller Lastfallinformationen zur Einflusszahlenberechnung erstellt. Das FE-Modell des Gehäuses ist in einem vorgelagerten Schritt in kommerzieller Software erzeugbar. Im Rahmen dieser Arbeit wird auf den kommerziellen, allgemeinen FE-Solver Abaqus zurückgegriffen, vgl. **Bild 42**. Die Geometriedaten des Gehäuses sind dazu im *.step Format bereitzustellen. Über eine automatisierte Routine wird das Modell vernetzt, ausgerichtet und das Material entsprechend der Vorgaben definiert. Im Anschluss werden die Kontaktknoten zur Hohlradverzahnung über einen Kontaktdurchmesser bestimmt und als Knotenset definiert.

Zur Bestimmung der Einflusszahlen ist eine statische Lösung des FE-Problems notwendig. Dazu ist das vorliegende Gesamtmodell aus Gehäuse und Hohlrad entsprechend des Kraftflusses zu fesseln. Das hier gezeigte Gehäusebeispiel wird über eine Drehmomentenstütze mit dem Maschinenträger verbunden, sodass die Fesselung in den zur Anbindung vorgesehenen Bohrungen erfolgt. Die Fesselungsknoten werden als Knotenset gespeichert und über das Abaqus Input-File zusammen mit den FE-Netzdaten im Nastranformat ausgegeben.

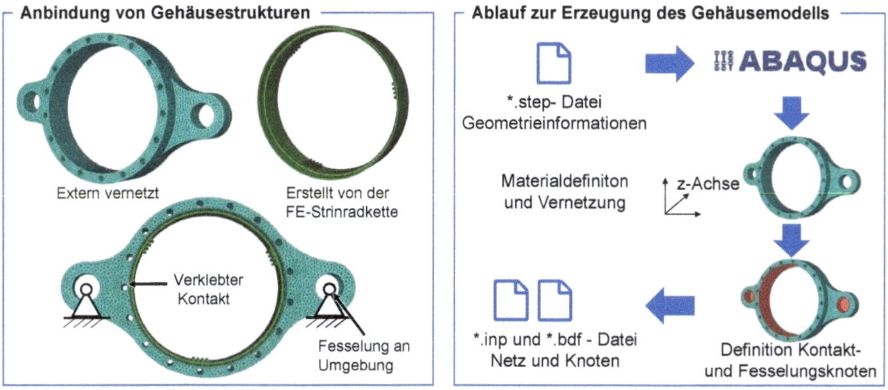


**Bild 42:** Anbindung der Gehäusestruktur

*Including the Housing Structure*

Beim Vorgehen der Verbindung von Zahnrad und Gehäuse wird das bereits validierte und erprobte Verfahren aus dem Vorhaben FVA 484 V gewählt [BREC18]. Hierbei werden zwei separate FE-Modelle über eine Verklebung (eng. Tie) miteinander verbunden, vgl. Bild 42 links. Die Einzelbauteile verhalten sich nach der Verklebung wie ein einziges Bauteil ohne Trennfuge. Dies bedeutet auf Modellebene, dass Kräfte in allen Raumrichtungen übertragen werden und keine Relativbewegung und damit auch keine Reibung in der Trennfuge berücksichtigt wird.

Die Verklebung der beiden Elemente erfolgt mit Hilfe des Programmsystems z88 auf Basis eines erweiterten Knoten-Flächen-Kontaktes. Zur Optimierung der Kontaktfindung der beiden Körper wird dabei die Kontaktoberfläche zusätzlich mit Gaußstützstellen diskretisiert [LAUR03]. Wird ein numerischer Schwellenwert in der Abstandsberechnung unterschritten, wird eine Kontaktnebenbedingung definiert und mit dem gestörten Lagrange-Verfahren im Gleichungssystem der FE-Analyse berücksichtigt [NÜTZ15]. Die Einflusszahlenberechnung erfolgt im Anschluss für das Gesamtmodell aus Hohlradverzahnung und Gehäusestruktur. Durch die gemeinsame Lösung ist die Verformungsantwort des Gehäuses in den Einflusszahlen der Hohlradverzahnung inklusiver aller resultierenden Wechselwirkungen zwischen den Eingriffen enthalten.

In der Regel ist die Gehäusestruktur nicht rotationssymmetrisch ausgeführt oder an diskreten Punkten an die Umgebung angebunden. Dies führt zu einer ungleichmäßigen Gehäusesteifigkeit über dem Umfang und damit einer getriebestellungsabhängigen Lastaufteilung. Zur Bewertung dieses Einflusses ist die Berechnung mehrerer Getriebestellungen notwendig. Hierzu wird das Hohlradgehäuse nach der Berechnung einer Stirneingriffsteilung um exakt den Winkel einer Teilung verdreht und erneut mit dem Hohlrad verklebt. Anschließend müssen die Einflusszahlen neu berechnet und das Federmodell gelöst werden. Der Vorgang wird so lange wiederholt, bis sich die

Getriebestellung aufgrund der Symmetrie und der Anzahl der verbauten Planeten wiederholt.

### 6.3.2 Berücksichtigung des Planetenträgers

*Including Planet Carriers*

Neben der Verformung des Hohlradgehäuses weist der Planetenträger als weiteres Strukturelement einen signifikanten Einfluss auf das Verformungs- und Verlagerungsverhalten von Planetengetrieben auf. Eine direkte Berücksichtigung des Planetenträgers über die Einflusszahlen analog zum Gehäuse ist rechnerisch zwar umsetzbar, physikalisch jedoch nicht sinnvoll. Durch eine starre Kopplung von Planet und Planetenträger wird beispielsweise der in der Realität vorhandene rotatorische Freiheitsgrad des Planeten um seine Drehachse unterbunden. Des Weiteren ist die Modellierung für jeden Planeten einzeln durchzuführen. Das bedeutet, dass jeder Planet in einem Einzelmodell abgebildet wird und der Effekt der übrigen Planeten auf die Verformung des Trägers nicht ermittelt werden kann. Hierdurch ergeben sich insbesondere bei der Trägertorsion starke Abweichungen im Vergleich zur gleichzeitigen Belastung an allen Planeten. Daher wird folgend ein Vorgehen beschrieben, um vorberechnete Planetenträgerabweichungen in der Methode zu berücksichtigen, vgl. **Bild 43**.

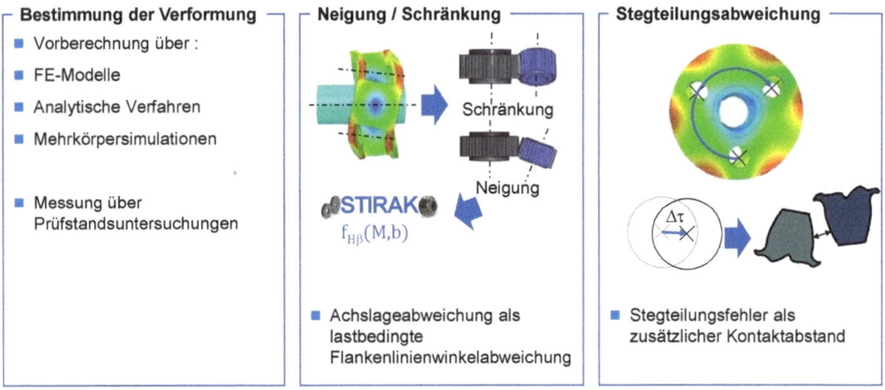


**Bild 43:** Schnittstelle zur Verwendung vorhandener Verformungen

*Interface to Take into Account Occuring Deformations*

Als Eingangsgröße wird die Verformung des Planetenträgers benötigt. Es können einerseits FE-Modelle, analytische Methoden oder auch Ergebnisse einer MKS-Berechnung oder Messung herangezogen werden. Entscheidend für das Einsatzverhalten ist insbesondere die Ausrichtung der Planetenradachse zur Sonnen- und Hohlradachse sowie die Verschiebung des Planetenmittelpunktes auf seiner Umlaufbahn (Stegteilungsfehler).

Die Achslageabweichungen der Planetenachse zur Zentralachse werden anschließend über den Ansatz nach WITTKE in eine Flankenlinienwinkelabweichung überführt [WITT94]. Die Flankenlinienwinkelabweichung wird dann als zusätzliche Korrektur über Kontaktabstände im Federmodell berücksichtigt. Neben der Flankenlinienwinkelabweichung sind entstehende Klaffmaße der einzelnen Planeten durch ungleichmäßige Verformung der Planetenachsen oder Trägerwangen zu berücksichtigen. Hierdurch können Stegteilungsfehler entstehen, welche Leistungspfade zusätzlich be- oder entlasten. Die Verschiebung des Planetenmittelpunktes auf seiner Umlaufbahn wird zur Berücksichtigung dieser Gegebenheiten in einen Kontaktabstand normal zur Zahnflanke umgerechnet. Im Federmodell muss dann dieser zusätzliche Kontaktabstand durch die Verformung des Gesamtsystems überwunden werden, bis der entsprechende Planet in Kontakt kommt.

## 6.4 Berücksichtigung von Verlagerungen der Zentralelemente

*Including Axial Misalignments of Central Elements*

Mit Hilfe der im vorangegangenen Abschnitt beschriebenen Vorgehensweise zur Berücksichtigung von Planetenträgerverformungen und Hohlradgehäusen können elastische Verformungen dieser Komponenten in der Simulation berücksichtigt werden. Zusätzliche Achslageabweichungen, die beispielsweise aus Fehlstellungen der Lagerstellen oder Montagefehler resultieren, können so nur bedingt abgebildet werden. Achslageabweichungen, welche sich zeitlich und örtlich invariant auf den Zahneingriff auswirken, können über zusätzliche Flankenlinienwinkelabweichungen in der Mikrogeometrie der Verzahnung berücksichtigt werden. Achslageabweichungen der Zentralelemente führen hingegen zu örtlich variablen Kontaktbedingungen. Im Folgenden wird daher eine Methode vorgestellt, mit welcher örtlich variante Kontaktbedingungen im Zahnkontakt berücksichtigt werden können, um deren Einfluss auf das Einsatzverhalten zu bewerten. Die Methode wird am Beispiel des Planetenträgers implementiert und vorgestellt, kann jedoch ebenfalls auf Achslageabweichungen der übrigen Komponenten übertragen werden.

Achslageabweichungen können in einen Neigungs- und Schränkungsanteil umgerechnet werden [WITT94]. Eine konstante Schiefstellung des Planetenträgers bedingt in Abhängigkeit der Planetenachsposition eine unterschiedliche Aufteilung der Winkelabweichung auf diese beiden Anteile und damit betrags- und richtungsmäßig variable Flankenlinienwinkelabweichungen, welche im Zahnkontakt wirksam werden, vgl. **Bild 44**. An der Position $\vartheta = 0°$ liegt bei einer reinen Verdrehung des Planetenträgers um die x-Achse eine reine Neigung des Eingriffes vor. Rotiert der Planetenträger weiter, tritt an der Position $\vartheta = 90°$ eine reine Schränkung des Eingriffes auf. Der Zusammenhang zwischen Planetenposition auf dem Umfang und resultierender Flankenlinienwinkelabweichung ist in den Gleichungen (6-1) und (6-2) dargestellt.

$$f_{H\beta,Schränkung}(\vartheta) = tan(\varphi_x \cdot sin\,\vartheta + \varphi_y \cdot cos\,\vartheta) \cdot b_{gem} \cdot cos\,\alpha_{wt} \quad \textbf{(6-1)}$$

$$f_{H\beta,Neigung}(\vartheta) = tan(\varphi_x \cdot cos\,\vartheta - \varphi_y \cdot sin\,\vartheta) \cdot b_{gem} \cdot sin\,\alpha_{wt} \quad \textbf{(6-2)}$$

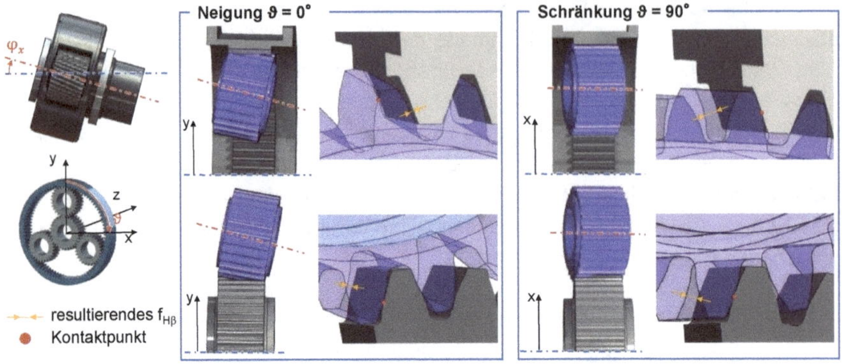


**Bild 44:** Kontaktbedingungen bei verkippter Planetenträgerachse

*Contact Conditions with Tilted Planetary Gear Shaft*

Der resultierende Neigungsanteil ist im Hohlrad- und Sonnenradkontakt der Planeten entgegengesetzt. Der Schränkungsanteil bedingt bei beiden Eingriffen eine Flankenlinienwinkelabweichung in die gleiche Richtung. Bei der Verwendung mehrerer Planeten liegen demnach je nach aktueller Winkelposition der Planeten unterschiedliche Eingriffsverhältnisse und Kontaktbedingungen vor. Bedingt durch die unterschiedliche Verlagerungsposition der Einzeleingriffe, sind im lastfreien Zustand nicht alle Planeten im Kontakt, sondern weisen Klaffmaße auf.

Der Planet mit den geringsten Klaffmaßen bestimmt dabei die Lage des Sonnen- und Hohlrades. Der Betrag definiert zugleich den lastfreien Drehfehleranteil. Die übrigen Planeten werden anhand der vorgegebenen Position ausgerichtet. Die dort verbleibenden Klaffmaße, müssen durch die Verformung des Systems zunächst überwunden werden, bis diese Eingriffe in den Kontakt kommen.

Neben einer reinen Winkelabweichung der Zentralachsen, können parallele Verschiebung der Achsen auftreten. Vergleichbar zu den Winkelabweichungen der Zentralachsen hat eine Parallelverschiebung der Achsen einen variablen Einfluss, in diesem Fall auf den Achsabstand, abhängig von der Winkelposition des Trägers. Während einfache evolventische Stirnradeingriffe vergleichsweise robust auf Achsabstandsänderungen reagieren, führen diese bei Planetengetrieben zu zusätzlichen Klaffmaßen und wirken sich so auf die Lastverteilung aus. Zur Berücksichtigung in der Zahnkontaktanalyse wird die Achsabstandsänderung vereinfacht in einen Abstand normal zum Wälzpunkt umgerechnet und den Vorhandenen Kontaktabständen überlagert. Das Rad mit dem geringsten Abstand bestimmt den Kontakt, größere Abstände der übrigen Räder werden als Klaffmaß berücksichtigt. Weitere Einflüsse der Achsabstandsabweichung wie eine Veränderung der Eingriffsstrecke und damit geänderte Überdeckungsverhältnisse werden nicht im Modell berücksichtigt.

Die Verläufe der resultierenden Flankenlinienwinkelabweichungen sowie der Kontaktabstände sind für den Fall einer Trägerschiefstellung um $\varphi_x$ = 0,003 ° und einer Parallelverschiebung der Sonnenradachse um $\Delta_y$ = 50 µm über dem Trägerwinkel bezogen auf den Wälzkreis in **Bild 45** dargestellt. Zu erkennen ist, dass sowohl die Flankenlinienwinkelabweichungen als auch die Kontaktabstände in den Einzeleingriffen sinusförmige Verläufe über dem Trägerwinkel annehmen. Die maximale Flankenlinienwinkelabweichung resultierend aus der Trägerschiefstellung ist in allen Eingriffen identisch, die Maxima treten jedoch winkelversetzt auf. Der Versatz der Planeten untereinander resultiert aus dem unterschiedlichen Startwinkel. Der Phasenversatz zwischen Planet-Hohlrad- und Planet-Sonnenradeingriff an einem Planeten ergibt sich aus dem unterschiedlichen Vorzeichen des Neigungsanteils. Ferner treten die Maxima nicht an der Position der maximalen Neigung bei $\vartheta = 0$ ° oder der maximalen Schränkung bei $\vartheta = 90$ °, sondern jeweils um den Betriebseingriffswinkel $\alpha_{wt}$ versetzt dazu auf. Im Gesamtverlauf der Kontaktabstände bei einem verlagerten Planetenträger ist zu erkennen, dass jeder Planet im lastfreien Zustand zweimal pro Umlauf für einen Bereich von $\vartheta = 60°$ einen Kontaktabstand von $\Delta s = 0$ µm aufweist und dementsprechend lastfrei in Kontakt steht, vgl. Bild 45 rechts oben. Die beiden weiteren Planeten befinden sich an diesen Positionen initial nicht in Kontakt und weisen Klaffmaße auf.

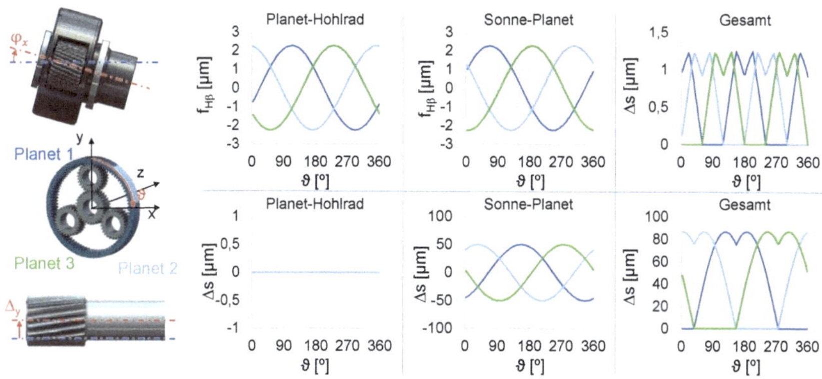


**Bild 45:** Kontaktabstände und Flankenlinienwinkelabweichungen bei Achslageabweichungen der Zentralelemente

*Contact Distances and Lead Angle Deviations for Axial Misalignments of Central Elements*

Das verlagerte Sonnenrad hat keinen unmittelbaren Einfluss auf die Kontaktabstände im Hohlradeingriff. Im Sonnenradeingriff entspricht der maximale Kontaktabstand dem Abweichungsbetrag. Das Maximum des jeweiligen Planeten tritt auch hier nicht bei der Position der maximalen Sonnenradauslenkung bei $\vartheta = 180°$ auf, sondern ebenfalls um den Betriebseingriffswinkel versetzt dazu. Die sich insgesamt ergebenden Kontaktabstände bei einer parallelen Verschiebung der Sonnenradwelle zeigen, dass jeder Planet für einen Winkelbereich von $\vartheta = 120°$ in Kontakt steht und die übrigen Planeten Klaffmaße aufweisen.

Zur Abbildung der gezeigten Einflüsse in der Simulation muss die Berechnung für eine komplette Trägerumdrehung erfolgen. Hierzu werden die Kontaktbedingungen anhand der geometrischen Verlagerungssituation der Komponenten vorberechnet. Nachfolgend wird die Kontaktsituation der ersten Teilung auf das Modell aufgeprägt und die Berechnung durchgeführt. Nach Abschluss der Simulation der ersten Teilung wird das System um eine Teilung weitergedreht, die geänderten Kontaktbedingungen aufgeprägt und eine neue Rechnung ausgeführt. Dies erfolgt entsprechend der Anzahl der benötigten Teilungen für eine Umdrehung des Planetenträgers. Die Einzelergebnisse werden anschließend aneinandergereiht, sodass sich die Verläufe des Drehfehlers sowie der Zahnkräfte für eine Umdrehung des Trägers ergeben, welche anschließend weiter ausgewertet werden können. Anders als bei der Analyse des Gehäuseeinflusses ist keine Neuberechnung der Einflusszahlen notwendig, da sich die Verlagerung der Elemente insbesondere auf die Kontaktbedingungen und nicht auf Steifigkeiten auswirkt.

## 6.5 Bestimmung von Schädigungssummen auf der Zahnflanke für Lastkollektive

*Determination of Cumulated Damage On the Tooth Flank for Load Spectra*

In vorangegangenen Abschnitt wird eine Methode vorgestellt, mit welcher die Kontaktbedingungen bei einem verlagerten Planetenträger abgebildet und daraus entstehende Belastungen im Zahneingriff berechnet werden können. Die Methode wird in dem folgenden Abschnitt dahingehend erweitert, dass die ermittelten Daten einem Postprocessing zugeführt werden, um die lokale Schädigung der Zahnflanke zu berechnen. Durch diese Erweiterung wird eine Möglichkeit geschaffen, den Einfluss der variierenden Kontaktbedingungen auf die Schädigung der Zahnflanke zu beurteilen. Zusätzlich wurde die Möglichkeit zur Berücksichtigung unterschiedlicher Antriebsdrehmomente und Verlagerungen über eine Lastkollektivvorgabe ermöglicht.

Als Eingabe werden Betriebspunkte bzw. Lastkollektivklassen benötigt, vgl. **Bild 46** unten links. Neben dem Antriebsmoment und dem Anteil einer Kollektivklasse an der Gesamtanzahl an Lastwechseln, ist die Verlagerung einzelner Getriebeelemente eine weitere Eingabegröße. Mögliche Vorgaben sind beispielsweise Verlagerungen des Planetenträgers, des Hohlrades oder des Planeten bezogen auf das Sonnenrad.

Die Kontaktbedingungen sowie das Drehmoment werden für jede Teilung als Eingangsdaten der FE-basierte Zahnkontaktanalyse verwendet. Als Ergebnis der Zahnkontaktanalyse wird für die weitere Berechnung die Zahnflankenpressungen nach HERTZ verwendet. Die Zahnfusstragfähigkeit wird in dieser Arbeit nicht untersucht. Hierzu wären anstatt der HERTZ'schen Pressung die Zahnfussspannungen auszuwerten und eine lokale Schadensakkumulation im Zahnfuss durchzuführen.

Zur Beurteilung der lokalen Schädigung wird der zur Winkellage des Gesamtgetriebes korrespondierende Zahn z eines jeden Rades, der sich momentan im Eingriff befindet, identifiziert. Jeder Zahn wird zusätzlich in i bzw. j rechteckige Elemente entlang der Höhen- und Breitenrichtung gerastert. Für jeden Bereich des Rasters wird die maximale Pressung beim Überwälzen einer Teilung ermittelt. Die auftretende Pressung $\sigma_{i,j,z}$ jedes Elementes ist die Eingangsgröße für die Bewertung der Einzelschädigung. Es erfolgt die Ermittlung einer ertragbaren Lastspielzahl $N_{i,j,z}$ bei der ermittelten Pressung $\sigma_{i,j,z}$ mit Hilfe einer Wöhlerlinie. Die Teilschädigung $s_{i,j,z}$ eines Elementes durch einen Lastwechsel ist definiert als Kehrwert der ertragbaren Lastspielzahl $N_{i,j,z}$. Das Verfahren entspricht der Vorgehensweise nach MINER ORIGINAL [MINE45].

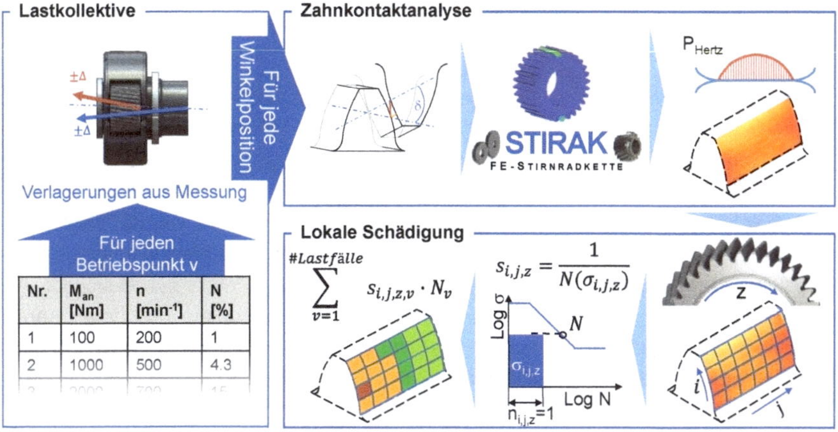


**Bild 46:** Vorgehen bei der lokalen Schädigungsakkumulation

*Approach for Local Accumulation of Damage*

Für jede Kollektivklasse wird eine komplette Überrollung abgebildet, so dass alle Winkelpositionen der Getriebeelemente zueinander abgebildet werden. Dies bedeutet, dass mehrere Teilungen abgewälzt werden und auch Zähne mehrfach in den Eingriff kommen. Eine Teilschädigung durch einen weiteren Kontakt wird auf die bereits vorhandene Schädigung aufaddiert, sodass letztendlich eine Teilschädigung aller Zähne und Flankenelemente für das Abwälzen einer kompletten Überrollung in einer Kollektivklasse vorliegt. Dieser Wert wird anschließend durch die Anzahl der Teilungen, die für eine komplette Überrollung berechnet werden, geteilt und mit der absoluten Lastspielzahl $N_v$ der Kollektivklasse multipliziert. Ergebnis ist eine Gesamtschädigung durch das Einzelkollektiv. Die Schädigungssummen der einzelnen Teilkollektive werden aufsummiert, sodass sich eine Gesamtschädigung der einzelnen Flankenelemente unter Berücksichtigung der externen und internen Lastkollektive durch Verlagerungen ergibt.

## 6.6 Fazit

*Conclusion*

Im Fokus dieses Kapitels stand die zweite Forschungsfrage, wie das Einsatzverhalten von Planetengetrieben mit hohen elastischen Verformungen und Verlagerungen unter Berücksichtigung der Wechselwirkungen des Mehrfacheingriffes vorhergesagt werden kann. Zur Beantwortung wurde auf Basis der FE-Stirnradkette eine Methode zur Analyse von Planetengetrieben entwickelt, in welcher die Erkenntnisse aus den Prüfstandsuntersuchungen aus Kapitel 4 und 5 hinsichtlich relevanter Effekte berücksichtigt werden. Die strukturellen Verformungen des Hohlradkranzes, welche in der Messung festgestellt werden können, werden über eine erweiterte Einflusszahlenmethode adressiert. Hierdurch ergibt sich ebenfalls die Möglichkeit der Abbildung einer einstellbeweglichen Sonne.

Die an Planetengetrieben vorliegende Lastaufteilung zwischen den Leistungspfaden wird über ein Ersatzfedermodell abgebildet, in dem die Einflusszahlen sowie kinetische Randbedingungen berücksichtigt werden. Die an der Forschungswindenergieanlage gemessenen Verlagerungen durch äußere Lasten können in Form von variablen Achslageabweichungen über dem Umfang vorgegeben werden. Dabei werden die Achslageabweichungen in Kontaktabstände und Flankenlinienwinkelabweichungen in Abhängigkeit der Trägerposition umgerechnet und im Zahnkontakt berücksichtigt. Als weiterer trägerpositionsabhängiger Effekt wird die Hohlradstruktur und deren Anbindung in der Einflusszahlenberechnung berücksichtigt. Damit können über dem Umlauf des Trägers veränderliche Steifigkeiten berechnet und deren Einfluss bestimmt werden. Zur Bewertung der trägerpositionsabhängigen Einflussfaktoren und den daraus resultierenden internen Lastkollektiven wird eine lokale Schadensakkumulation implementiert.

Mit der in diesem Abschnitt entwickelten Methode liegt eine umfängliche Zahnkontaktanalyse zur Berechnung und Bewertung von Planetengetrieben im elastischen Verzahnungsumfeld unter Berücksichtigung der Wechselwirkungen aus dem Mehrfacheingriff vor. Auf Basis von geometrischen Eingabegrößen, welche bereits im Auslegungsprozess eines Getriebes bekannt sind, kann eine Bewertung unterschiedlicher Getriebekonzepte bei überlagerten Systemeinflüssen hinsichtlich Lastaufteilung, Lastverteilung und Anregungsverhalten erfolgen.

# 7 Validierung der Methode zur Vorhersage des Einsatzverhaltens von Planetengetrieben im elastischen Umfeld

*Validation of the Method for Predicting the Application Behavior of Planetary Gearboxes with Elastic Gearing Surroundings*

In den vorangegangenen Abschnitten werden die am Prüfstand identifizierten Einflüsse sowie eine Methode zur Abbildung dieser Effekte mit Hilfe der FE-basierten Zahnkontaktanalyse vorgestellt. Im hier folgenden Abschnitt erfolgt die Validierung der Simulationsmethode mit Hilfe der Messdaten aus den Prüfstandsuntersuchungen.

Die Validierung der Methode erfolgt mehrschrittig. Die Abbildung der Kontaktbedingungen wird über den Abgleich von simulierten und am Prüfstand aufgenommenen Tragbilder im ausgerichteten Zustand für das System mit drei Planeten validiert. Ferner erfolgt ein Vergleich der simulierten und gemessenen Lastaufteilungsfaktoren für drei und sechs Planeten und unter Einfluss von zusätzlichen Achslageabweichungen. Der Vergleich der Lastaufteilungen validiert dabei insbesondere die korrekte Abbildung der Steifigkeiten des Systems und damit die Anwendbarkeit der erweiterten Einflusszahlenberechnung und des Gesamtfedermodells. Die Validierung der Vorhersage des Anregungsverhaltens erfolgt mit Hilfe einer Gegenüberstellung der gemessenen und simulierten Gesamtdrehfehler im Ordnungsbereich. Dies erfolgt ebenfalls für drei und sechs Planeten im ausgerichteten und verlagerten Zustand. Zu Grunde liegen dabei jeweils die Untersuchungen ohne zusätzliche Achslageabweichung des Planetenträgers, welche mit der dünnwandigen Schrägverzahnung durchgeführt wurden.

Das verwendete Simulationsmodell beinhaltete dabei gemessene Topographien der einzelnen Räder, die Wellengeometrien der Planeten und Sonnenräder sowie die gemessenen Stegteilungsabweichungen. Das Sonnenrad wurde dabei einseitig an der Kraftausleitung auf Höhe des Lagerbockes gefesselt, die Planeten stirnseitig an den Lagerstellen im Planetenträger. Das Hohlrad wurde analog zum Prüfaufbau an beiden Stirnseiten mit einer Fesselung versehen. Auf die Berücksichtigung des Gehäuses wurde an dieser Stelle verzichtet. Die Simulation erfolgte immer für eine Teilung und ohne Vorgabe von gemessenen Verlagerungen aus dem Prüfstand. Alle lastbedingten Verformungen und Verlagerungen wurden implizit über die Steifigkeit, respektive die Einflusszahlen, abgebildet. Bis auf die gemessenen Flankentopographien und die Stegteilungsfehler sind damit alle notwendigen Eingaben bereits in der Auslegung des Getriebesystems vorhanden, was die Anwendbarkeit und Praxistauglichkeit der Methode steigert.

## 7.1 Validierung des Kontaktverhaltens

*Validation of the Contact Behavior*

In einem ersten Schritt erfolgt die Validierung der Kernmethode, welche die Simulation von Planetengetrieben im ausgerichteten Zustand ermöglichen soll. Hierzu wird zunächst das Kontaktverhalten der jeweiligen Eingriffe mit Hilfe der simulierten und am Prüfstand fotografierten Tragbilder validiert. Zur Bestimmung des Tragbildes werden die Zahnflanken mit Tragbildlack versehen. An den Stellen, an denen Kontakt auf der Zahnflanke herrscht, wird der Lack im Betrieb abgetragen. Das Tragbild ermöglicht so eine Aussage über den in Kontakt stehenden Flankenbereich und stellt ein Summenprüfverfahren dar. Dies bedeutet, dass an den Zentralrädern der Kontaktbereich aller Planeten erfasst wird und damit keine Einzelaussagen über individuelle Kontaktpaarungen möglich sind. Im Betrieb wird am Prüfstand zudem zunächst eine Drehzahl eingeregelt bevor anschließend eine Drehmomentenrampe bis zum gewünschten Zieldrehmoment aufgeprägt wird. Hierdurch ergibt sich der Umstand, dass das Tragbild immer die Summe aller durchfahrenen Betriebszustände abbildet.

Die Gegenüberstellung erfolgt für unterschiedliche Drehmomente am Sonnenrad und an der Planetenradflanke, welche mit dem Hohlrad in Kontakt steht, und ist in **Bild 47** für das System mit drei Planeten und dünnwandiger Hohlradverzahnung dargestellt. Aufgrund der aufgeprägten Flankenkorrekturen trägt sowohl am Hohlrad als auch am Sonnenrad bei niedrigen Drehmomenten ein geringer Bereich der Zahnflanke, welcher bei steigendem Drehmoment und damit höherer Abplattung und Verformung des Zahnkontaktes größer wird.

Am Sonnenrad zeigen die Prüfstandsuntersuchungen bereits bei niedrigen Drehmomenten ein Tragen der Flanke im Kopfbereich, welches aufgrund der aufgebrachten Flankenlinienwinkelkorrektur zur linken Flankenseite hin verschoben ist. Bei hohen Drehmomenten zentriert sich das Tragbild unter anderem durch die Sonnenradtorsion, welche die vorgehaltene Korrektur ausgleicht.

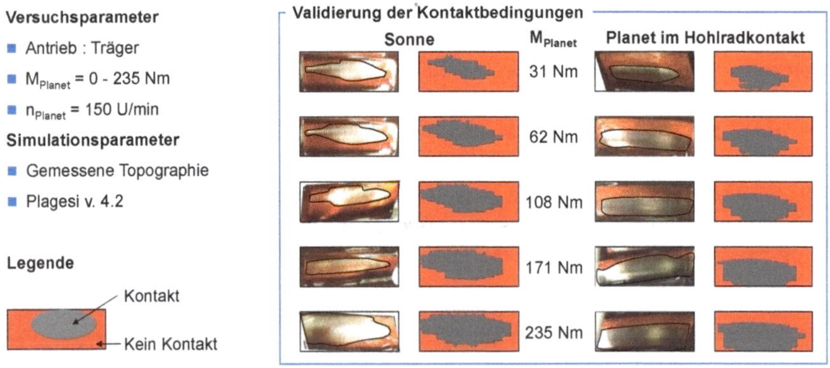


**Bild 47:** Gegenüberstellung der gemessenen und simulierten Tragbilder

*Comparison of Measured and Simulated Contact Patterns*

Die Gegenüberstellung mit der Simulation zeigt insbesondere im hohen und mittleren Drehmomentbereich für das Sonnenrad eine gute Übereinstimmung. Sowohl Form, Lage, als auch Größe des Tragbildes werden von der Simulationsmethode im Drehmomentenbereich 62 Nm ≤ $M_{Planet}$ ≤ 235 Nm sehr gut vorhergesagt. Für das niedrigste dargestellte Drehmoment zeigt die Messung ein größeres Tragbild als die Simulation, welches in Form und Lage jedoch vergleichbar ist. Als Ursache der Abweichung zwischen Simulation und Messung werden geringfügige Abweichungen in der Achslage der einzelnen Planeten vermutet, welche das Tragbild am Sonnenrad bei niedrigen Lasten vergrößern. Im höheren Lastbereich richten sich die Planetenräder durch die anliegende Last am Zahneingriff aus und geringfügige Abweichungen aus der lastfreien Positionierung werden durch elastische Verformungen überlagert.

Im rechten Teil von Bild 47 ist das Tragbild des Messplaneten im Hohlradkontakt dargestellt. Die Aufnahmen aus dem Prüfstand zeigen, dass auf der Planetenradflanke bereits beim mittleren Drehmoment über der Zahnbreite volles Tragen erkennbar ist. Ursächlich ist hierbei, dass der Planetenradzahn während des Prüflaufes mit allen Zähnen und damit Winkellagen des Hohlrades in Kontakt steht. Durch eine Abweichung in der Achslage von Planetenträger zu Hohlrad wandert das Tragbild innerhalb eines Umlaufes von der linken zur rechten Flankenseite und erscheint so größer als es im individuelle Zahnkontakt tatsächlich ist. Die Simulation, welche immer nur das Tragbild einer individuellen Teilung abbildet, zeigt für den gesamten Drehmomentenbereich daher ein kleineres Tragbild in Zahnbreitenrichtung. Die Abweichungen sind dabei insbesondere ab dem mittleren Drehmoment als gering einzuschätzen. Das simulierte Tragbild stimmt in der Ausprägung in Zahnhöhenrichtung sehr gut mit der Messung überein. Die Tragbildvalidierung zeigt Unterschiede zwischen Simulation und Messung im niedrigen Lastbereich, die vermutlich aus Positionierungenauigkeiten der einzelnen Achsen am Prüfstand resultieren. Die Abweichungen sind in der Messmethode und dem Aufbau zu verorten und zeigen insbesondere ab dem mittleren Drehmoment keinen signifikanten Einfluss mehr auf das Kontaktverhalten. Damit gilt die Methode in der Abbildung des Kontaktverhaltens als validiert.

## 7.2 Validierung der Lastaufteilung

*Validation of Load Sharing*

Die Validierung des Kontaktverhaltens bestätigt insbesondere die Lösung der separaten Federmodelle und damit die Verformung der einzelnen Zahnkontakte und des Gesamtsystems. Zur Validierung der Abbildung des Steifigkeitsverhaltens unter Einbeziehung der Wechselwirkungen aller vorherrschenden Zahneingriffe wird die Lastaufteilung herangezogen. Hierzu erfolgt die Gegenüberstellung des aus der Messung ermittelten Lastaufteilungsfaktors $K_{\gamma,DMS,MW}$ mit dem simulativ ermittelten Lastaufteilungsfaktor $K_{\gamma}$ nach ISO 6336 Teil 1 [ISO19c].

Das obere linke Diagramm in **Bild 48** zeigt die simulierte und gemessene Lastaufteilung für das System mit drei Planeten im ausgerichteten Referenzzustand über dem untersuchten Planetenraddrehmoment. Ab einem Drehmoment von $M_{Planet}$ = 50 Nm zeigen beide Kurven eine gute Übereinstimmung. Im höheren Drehmomentbereich zeigt die Simulation eine geringfügig schlechtere Lastaufteilung, als diese im Betrieb gemessen wurde. Beim maximal untersuchten Drehmoment von $M_{Planet}$ = 235 Nm beträgt die Differenz $\Delta_{K\gamma}$ = 0,035 und wird damit als vertretbar angesehen.

In Bild 48 ist die Darstellung analog für das System mit sechs Planeten unten dargestellt. Die Simulation zeigt im niedrigen Lastbereich eine deutlich schlechtere Lastaufteilung als die Messung. Bei steigenden Drehmomenten gleichen sich beide Kurven aneinander an, sodass ab einem Drehmoment von $M_{Planet}$ = 90 Nm beide Kurven einen deckungsgleichen Verlauf zeigen. Das von der Simulation gezeigte Verhalten einer zunächst schlechten Lastaufteilung, die bei steigendem Drehmoment verbessert wird, entspricht dem aus dem Stand der Technik zu erwartenden Verhalten. Positionierabweichungen oder Abweichungen der Zahnflanken werden durch zunehmende Verformungen überwunden, sodass mehr Planeten in den Kontakt kommen und die Lastaufteilung verbessert wird. Die Abweichungen in der Messung und deren Hintergrund werden ausführlicher in Abschnitt 5.3 beschrieben, beruhen jedoch auf der Kennwertbildung und den geringen Messwerten der DMS im niedrigen Lastbereich. Hierdurch entsteht ein Messfehler, der bei steigenden Drehmomenten geringer wird. Durch den Messfehler ist eine Validierung der Lastaufteilung für sechs Planeten im niedrigen Lastbereich nicht möglich. Weitere Effekte wie Spiele und Einstellbewegungen, die überlagernde Einflüsse im niedrigen Lastbereich haben, können nicht ausgeschlossen werden und werden eventuell nicht hinreichend von der Methode abgebildet. Die Übereinstimmung der Kurven ab einem Drehmoment von $M_{Planet}$ = 90 Nm validiert die Berechnung jedoch für den höheren Lastbereich. Der plausible Verlauf der simulierten Lastaufteilung legt zudem nahe, dass die Validität der Methode auch für weitere Lastbereiche gelten kann. Ein abschließender Beweis kann an dieser Stelle nicht erfolgen.

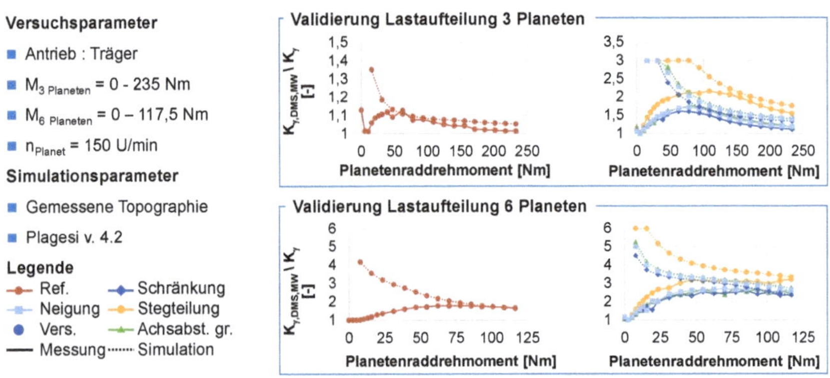


**Bild 48:** Gegenüberstellung des gemessenen und simulierten Lastaufteilung bei vorhandenen Achslageabweichungen der Planetenradachse

*Comparison of the Measured and Simulated Load Sharing with Existing Axial Misalignment of the Planetary Gear Shaft*

Neben dem Vergleich der Lastaufteilung im Referenzzustand sind in Bild 48 in den rechten beiden Diagrammen ebenfalls die Lastaufteilungen der verlagerten Varianten abgebildet. Für das System mit drei Planeten kann ein ähnliches Verhalten wie beim System mit sechs Planeten im Referenzzustand festgestellt werden. Im niedrigen Lastbereich bis zu einem Drehmoment von $M_{Planet}$ = 75 Nm zeigen sich aufgrund des Messfehlers große Differenzen, die bei steigendem Drehmoment abnehmen. Ab diesem Drehmoment verlaufen die Kurven aus Messung und Simulation identisch bis zum Ende des Messbereiches. Eine Ausnahme bildet hierbei die Stegteilungsabweichung, bei welcher der parallele Verlauf erst bei einem Drehmoment von $M_{Planet}$ = 120 Nm beginnt. Ähnlich zur Referenz im System mit drei Planeten zeigt die Simulation schlechtere Lastaufteilungen im hohen Lastbereich im Vergleich zur Messung. Die Differenz für alle Varianten beim maximalen Drehmoment liegt hierbei zwischen $\Delta K_\gamma$ = 0,02 und $\Delta K_\gamma$ = 0,025. Die Abstufung der Varianten ist in Simulation und Messung identisch, sodass die Berechnung auch im verlagerten Zustand ab den beschriebenen Drehmomenten als valide für drei Planeten bestätigt wird.

Im System mit sechs Planeten und zusätzlichen Achslageabweichungen wird die Abstufung der Varianten untereinander ebenfalls von der Simulation korrekt wiedergegeben. Der bei drei Planeten ausgeprägte parallel verlaufende Bereich tritt dabei aufgrund des begrenzten Messbereiches nicht so eindeutig auf, kann jedoch für alle Varianten außer der Stegteilung ab einem Drehmoment von $M_{Planet}$ = 75 Nm identifiziert werden. Die Variante mit Stegteilung zeigt in der Messung bei den höchsten beiden untersuchten Drehmomenten eine Abweichung von den weiteren Verläufen in Form einer erneuten Verschlechterung der Lastaufteilung. Dieses Verhalten tritt so in der Simulation nicht auf. Die Vermutung von Messabweichungen scheint aufgrund der Abweichung zum Verlauf aller anderen gemessenen Kurven plausibel, andere Effekte können jedoch nicht ausgeschlossen werden. Die Abweichungen beim maximalen Drehmoment zwischen Simulation und Messung liegen im Bereich von $K_\gamma$ = 0,01 bis $K_\gamma$ = 0,3. Aufgrund der höheren Absolutwerte im Vergleich zum System mit drei Planeten ist eine höhere Streuung und Abweichung plausibel, sodass die Berechnung der Lastaufteilung bei sechs Planeten mit Achslageabweichung ab einem Drehmoment von $M_{Planet}$ = 75 Nm ebenfalls als valide angesehen werden kann.

Durch den Vergleich der Lastaufteilungen zwischen Simulation und Messung zeigt sich, dass die zugrundeliegenden Erweiterungen der FE-Stirnradkette in Form der Einflusszahlenerweiterung und des Gesamtfedermodells die Steifigkeiten und damit die Lastaufteilung des Systems valide abbilden. Durch die valide Abbildung der Lastaufteilung im verlagerten Zustand kann zudem die Klaffmaß- sowie Abweichungsberechnung validiert werden.

## 7.3 Validierung des Anregungsverhaltens

*Validation of the Excitation Behavior*

Sowohl das Kontaktverhalten als auch die Lastaufteilung können durch die Methode valide vorhergesagt werden. Zur Bewertung der Validität des Anregungsverhaltens wird nachfolgend der Drehfehler als Maß der Drehungleichförmigkeit herangezogen. Zunächst erfolgt die Gegenüberstellung der Ergebnisse im ausgerichteten Referenzzustand für drei und sechs Planeten. Im Anschluss erfolgt die Betrachtung der Versuche mit Achslageabweichungen am Planetenrad.

Die Ergebnisse der ausgerichteten Schrägverzahnung mit dünnem Hohlradkranz aus Simulation und Messung sind in **Bild 49** für die ersten vier Eingriffsordnungen dargestellt. Gegenübergestellt ist jeweils der Gesamtdrehfehler der Planetenstufe zwischen Träger und Sonne, bezogen auf das Sonnenrad. Die Ergebnisse zeigen eine sehr gute Übereinstimmung der ersten und zweiten Zahneingriffsordnung in Simulation und Messung über den gesamten untersuchten Drehmomentbereich. Sowohl Verlauf als auch Amplitude werden von der Simulation sehr gut wiedergegeben. Einzig im niedrigen Lastbereich von $M_{Planet}$ = 0 Nm bis $M_{Planet}$ = 50 Nm tritt am Prüfstand eine Überhöhung der $1.O_{z}$ auf, welche in der Simulation nicht dargestellt wird.

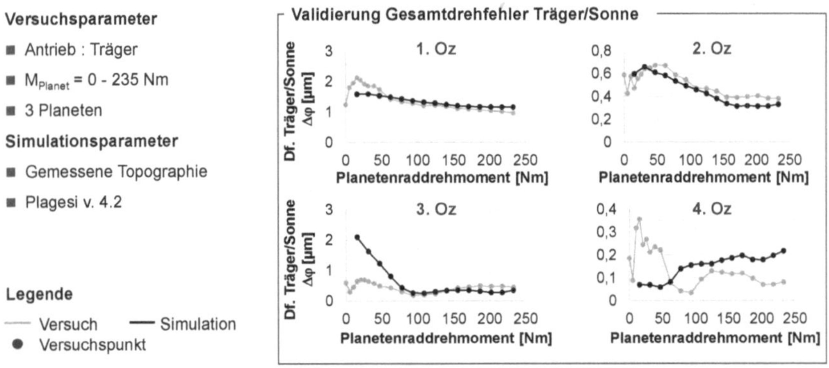


**Bild 49:** Gegenüberstellung des gemessenen und simulierten Gesamtdrehfehlers für das System mit drei Planeten

*Comparison of the Measured and Simulated Transmission Error for the System with Three Planets*

Für die dritte Zahneingriffsordnung sagt die Simulation im niedrigen Lastbereich bis $M_{Planet}$ = 75 Nm eine höhere Anregung voraus, als diese am Prüfstand auftritt. Nachfolgend zeigen Simulation und Messung gleiches Verhalten bei identischer Amplitude. Für die vierte Zahneingriffsordnung lassen sich größere Abweichungen zwischen Simulation und Messung im Vergleich zu den übrigen drei Ordnungen feststellen. Im niedrigen Lastbereich bis $M_{Planet}$ = 75 Nm ist die real auftretende Amplitude höher als die Vorhergesagte. Sowohl Simulation als auch Messung zeigen einen anschließenden Anstieg der Amplitude auf ein Niveau von ca. $\Delta\varphi$ = 0,1 µm gefolgt von einem linearen Abschnitt und einem erneuten Absinken der Amplitude bei $M_{Planet}$ = 200 Nm. Der lineare Abschnitt wird dabei in der Simulation steigend vorausgesagt, während am Prüfstand ein konstanter Wert gemessen wird. Unter Einbeziehung der Amplitudenhöhe von $\Delta\varphi$ = 0,1 µm (peak to peak) kann dennoch eine qualitativ und auch quantitativ sehr gute Übereinstimmung zwischen Simulation und Messung festgehalten werden.

Die in der ersten, dritten und vierten Zahneingriffsordnung auftretenden Abweichungen bei niedrigen Lasten können insbesondere durch Effekte am Prüfstand begründet werden. Durch die geringe Zahnkraft in den einzelnen Leistungspfaden können hierbei Flanken zeitweise aufgrund von bspw. Teilungsabweichungen abheben oder Wellen ihre Position im Lagerspiel ändern. Diese Effekte werden in der Simulation nicht berücksichtigt. Bei höheren Lasten sind die einzelnen Getriebeelemente in ihrer Lage weitestgehend festgelegt und Teilungsabweichungen sorgen für eine zeitweise Entlastung, aber keinem Abheben der Flanken mehr, wodurch Simulation und Messung wieder übereinstimmen.

Analog zu Bild 49 sind die Ergebnisse im System mit sechs Planeten in **Bild 50** dargestellt. Im Vergleich zum System mit drei Planeten treten größere Abweichungen zwischen Simulation und Messung auf. Dennoch zeigt sich für die erste Zahneingriffsordnung eine qualitativ gute Übereinstimmung. Das lokale Minimum bei $M_{Planet}$ = 25 Nm in der Messung tritt ebenfalls in der Simulation auf. Nach einem erneuten Anstieg der Amplitude sagt die Simulation einen konstanten Verlauf im Bereich $\Delta\varphi$ = 2 µm voraus. In der Messung ist der erneute Anstieg ebenfalls zu beobachten, der weitere Verlauf der Amplitude bei steigendem Drehmoment ist anders als in der Simulation leicht steigend bis zu einer Amplitude von $\Delta\varphi$ = 1 µm. Die zweite Zahneingriffsordnung wird in der Simulation deutlich überschätzt. Steigende und fallende Amplitudenbereiche werden jedoch korrekt vorhergesagt. Die dritte Zahneingriffsordnung zeigt wiederum eine sehr gute Übereinstimmung in Verlauf und Amplitude zwischen Simulation und Messung. Das lokale Maximum, welches in der Messung bei $M_{Planet}$ = 25 Nm festgestellt werden kann, tritt in der Simulation bei $M_{Planet}$ = 40 Nm auf. Danach verlaufen beide Kurven parallel mit einem Offset von $\Delta\varphi \approx$ 0,2 µm. Für die sechste Zahneingriffsordnung wird die Amplitude in der Simulation überschätzt. Im niedrigen Lastbereich bis $M_{Planet}$ = 75 Nm zeigen Simulation und Messung qualitativ gleiche Verläufe. Nachfolgend sagt die Simulation steigende Amplituden voraus, wobei diese in der Messung identisch bleiben.

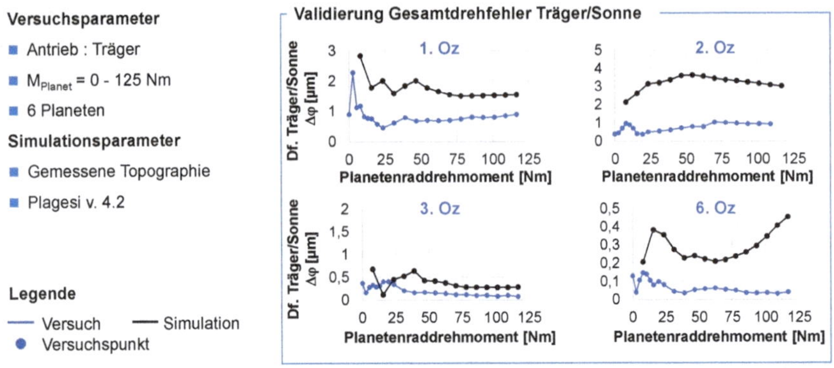


**Bild 50:** Gegenüberstellung des gemessenen und simulierten Gesamtdrehfehlers für das System mit sechs Planeten

*Comparison of the Measured and Simulated Transmission Error for the System with Six Planets*

Für das System mit sechs Planeten lässt sich festhalten, dass größere Abweichungen zwischen Simulation und Messung insbesondere in der quantitativen Amplitudenbeschreibung vorliegen. Als Ursache werden zusätzliche Störgrößen durch die Überbestimmtheit des Systems sowie der weiteren Planetenräder und deren Abweichungen in Form und Lage vermutet, die in der Simulation aktuell nicht abgebildet werden. Die Abweichungen in der sechsten Zahneingriffsordnung könnten zudem aus der Messauflösung stammen.

Zusätzlich zu den ideal ausgerichteten Planetengetrieben erfolgt ein Abgleich zwischen Simulation und Messung beim Vorhandensein von Achslageabweichungen an der Planetenradachse. **Bild 51** stellt die Drehfehlerergebnisse in Simulation und Messung für unterschiedliche Achslageabweichungen im System mit drei Planeten dar. Ausgewertet werden nachfolgend die erste Zahneingriffsordnung, aufgrund der höchsten Amplitude sowie die dritte Zahneingriffsordnung, als nominelle Anregungsordnung auf Grund der Phasenverschiebung an den Zentralrädern. Analog zur Validierung im ausgerichteten Zustand, enthalten die Simulationsmodelle keinerlei extern vorgegebenen lastbedingten Verlagerungen sondern als zusätzliche Information nur die initial aufgeprägte Achslageabweichung.

Im oberen linken Diagramm in Bild 51 ist die 1.$O_z$ für die Variante mit Stegteilungsabweichung sowie einem vergrößerten Achsabstand abgebildet. Es ist erkennbar, dass die Simulation die Anregung in der 1.$O_z$ im geringen Lastbereich bis $M_{Planet}$ = 50 Nm bei der Variante mit größerem Achsabstand und $M_{Planet}$ = 100 Nm beim Stetgteilungsfehler deutlich überschätzt. Ab diesen Drehmomenten zeigen Simulation und Messung jeweils parallele Verläufe auf unterschiedlichen Amplitudenniveaus. Die qualitative Vergleichbarkeit kann ebenfalls für die Variante Neigung für die 1.$O_z$ festgestellt werden. Auch hier zeigt sich eine deutliche Überschätzung der Amplitude bis zu einem Lastbereich von $M_{Planet}$ = 50 Nm, bevor die Verläufe aus Simulation und Messung parallel zueinander fortfahren.

Die deutlich höheren Amplituden in der Simulation können im niedrigen Lastbereich durch die fehlende Abbildung der Dynamik erklärt werden. Aufgrund der zusätzlich zur Verlagerung vorliegenden Stegteilungsabweichung trägt im niedrigen Lastbereich nur ein einziger Planet. Durch das quasi-statische Abwälzen der Zahnräder und dem niedrigen Drehmoment wird der Drehfehler dabei durch die Weganregung respektive dem lastfreien Drehfehler dominiert. Durch vorliegende Korrekturen und Verlagerungen können in der Simulation Sprünge im lastfreien Drehfehler auftreten. Im realen Getriebe werden diese abrupten Sprünge durch die Massenträgheit des Systems kompensiert, sodass die Amplituden dementsprechend reduziert werden.

Die Variante mit aufgeprägter Schränkung zeigt in der Messung, wie bereits in Abschnitt 5.4 diskutiert, ein abweichendes Verhalten im Vergleich zu den übrigen Varianten mit Achslageabweichung in der 1.$O_Z$. Die in der Messung deutlich niedrigere Amplitude sowie der sehr flache Verlauf können in der Simulation nicht bestätigt werden. Diese zeigt ab einem Drehmoment von $M_{Planet}$ = 60 Nm ein zur Neigung identisches Verhalten an, was auf Grundlage der wirkenden Mechanismen in Form ähnlicher Flankenlinienwinkelabweichungen und Kontaktabstände plausibel erscheint.

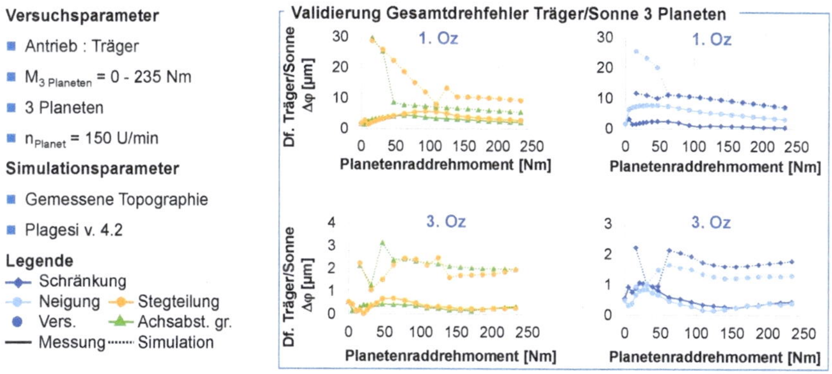


**Bild 51:** Gegenüberstellung des gemessenen und simulierten Gesamtdrehfehlers für das System mit drei Planeten bei vorhandenen Achslageabweichungen der Planetenradachse

*Comparison of the Measured and Simulated Transmission Error for the System with Three Planets and Existing Axial Misalignments of the Planetary Gear Shaft*

In den unteren beiden Diagrammen in Bild 51 sind die Ergebnisse der 3.$O_Z$ dargestellt. Alle Varianten zeigen in der Simulation ein lokales Minimum im Bereich von $M_{Planet}$ = 40 Nm, welches in der Messung nur bei der Variante mit Stegteilungsfehler in abgeschwächter Form auftritt. Ferner zeigt sich eine gute qualitative Übereinstimmung der Verläufe. Insbesondere für die Varianten mit Neigung und Schränkung wird die charakteristische Krümmung des Verlaufes aus der Messung korrekt vorhergesagt. Ähnlich zur 1.$O_Z$ überschätzt die Simulation bei allen Varianten die Amplitude der Anregung.

**Bild 52** zeigt den Vergleich der Drehfehler für das System mit sechs Planeten ebenfalls für die erste und dritte Zahneingriffsordnung. Auf die Gegenüberstellung der sechsten Zahneingriffsordnung wird aufgrund der geringen gemessenen Amplituden, welche auf eine mangelnde Messauflösung schließen lassen, verzichtet. Für die Varianten mit Stegteilungsabweichung und einem vergrößerten Achsabstand zeigt die Simulation ein ähnliches Verhalten wie im System mit drei Planeten. Im niedrigen Lastbereich werden die auftretenden Amplituden deutlich überschätzt. Gegensätzlich ist hierbei jedoch, dass der Bereich der hohen Amplituden deutlich früher endet und sich die simulativ vorhergesagten Anregungen ab einem Drehmoment von $M_{Planet}$ = 25 Nm im selben Amplitudenbereich befinden. Für den vergrößerten Achsabstand ist die Übereinstimmung zwischen Simulation und Messung ab dahin sehr gut gegeben. Für die Variante mit Stegteilungsfehler zeigt die Simulation einen anders geformten Verlauf bei gleicher Amplitudenhöhe. Für die Variante mit aufgeprägter Neigung kann ebenfalls eine sehr gute Übereinstimmung in Form und Verlauf zwischen Simulation und Messung für die 1.$O_Z$ festgestellt werden. Abweichend ist hierbei ein lokales Minimum, welches in der Simulation bei $M_{Planet}$ = 25 Nm auftritt, in der Messung jedoch nicht.

Die Variante mit aufgeprägter Schränkung zeigt anders als bei dem System mit drei Planeten auch in der Simulation ein anderes Verhalten als die Variante mit Neigung. Simulativ wird eine hohe Amplitude bei niedrigen Drehmomenten, welche ansatzweise linear bis zu einem Drehmoment von $M_{Planet}$ = 90 Nm abfällt, vorhergesagt. Die Messung kann diesen linearen Verlauf nicht bestätigen. Ab dem Ende des linearen Bereiches bei $M_{Planet}$ = 90 Nm zeigen Simulation und Messung eine sehr gute Übereinstimmung.

**Versuchsparameter**

- Antrieb : Träger
- $M_{6\ Planeten}$ = 0 – 117,5 Nm
- 6 Planeten
- $n_{Planet}$ = 150 U/min

**Simulationsparameter**

- Gemessene Topographie
- Plagesi v. 4.2

**Legende**

Schränkung; Neigung; Stegteilung; Vers.; Achsabst. gr.; — Messung; ······ Simulation

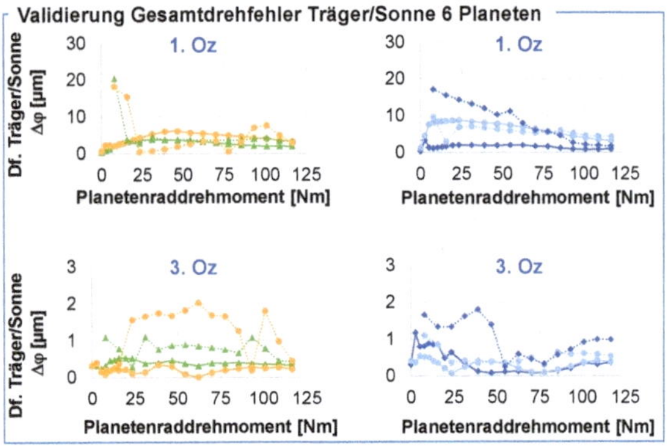


**Bild 52:** Gegenüberstellung des gemessenen und simulierten Gesamtdrehfehlers für das System mit sechs Planeten bei vorhandenen Achslageabweichungen der Planetenradachse

*Comparison of the Measured and Simulated Transmission Error for the System with Six Planets and Existing Axial Misalignments of the Planetary Gear Shaft*

Für die Anregung der 3.$O_Z$ zeigt sich für die Stegteilung ähnlich zur 1.$O_Z$ die größte Abweichung zwischen Simulation und Messung. Der simulierte Verlauf der Variante mit größerem Achsabstand zeigt charakteristische Unterschiede in Form zweier lokaler

Maxima, welche im Versuch nicht auftreten. Befindet sich aber auf einem gleichen Amplitudenniveau. Für die Variante mit aufgeprägter Schränkung sind die Charakteristiken der Verläufe aus Simulation und Messung vergleichbar, die Simulation überschätzt dabei über den gesamten Versuchsbereich die Anregung. Analog zur 1.$O_z$ zeigt die Variante mit vorhandener Neigung eine sehr gute qualitative und quantitative Übereinstimmung zwischen Simulation und Messung.

## 7.4 Fazit

*Conclusion*

Durch den Abgleich der Simulationsergebnisse mit den experimentell ermittelten Daten kann die entwickelte Methode zur Abbildung von Planetengetrieben im elastischen Verzahnungsumfeld und damit der Ansatz zur Beantwortung der zweiten Forschungsfrage in weiten Bereichen validiert werden. Dabei können insbesondere sehr gute Übereinstimmungen für die Vorhersage der Kontaktbedingungen durch den Abgleich gemessener und simulierter Tragbilder festgestellt werden.

Der Vergleich der Lastaufteilung im ausgerichteten und verlagerten System zeigt Abweichungen im Bereich niedriger Drehmomente, die vermutlich aus der Kennwertbildung und geringen DMS Messwerten resultieren. Für mittlere und hohe Lastbereiche können für alle untersuchten Fälle gute Übereinstimmungen festgestellt werden, sodass die Abbildung der Steifigkeiten der jeweiligen Leistungspfade sowie deren Wechselwirken ebenfalls valide von der Methode vorhergesagt werden können.

Die Validierung des Anregungsverhaltens erfolgt anhand des Drehfehlers. Für das ausgerichtete Getriebe mit drei Planeten sind sehr gute Übereinstimmungen zwischen Simulation und Messung bis zur vierten Zahneingriffsordnung festzustellen. Für die weiteren untersuchten Varianten mit Achslageabweichungen werden für das System mit drei Planeten Verläufe mit gleichen Charakteristiken aber unterschiedlichen Amplitudenniveaus beobachtet, sodass die Lastabhängigkeit der Anregung korrekt vorhergesagt werden kann. Für das System mit sechs Planeten zeigt sich ein ähnliches Bild. Unter Berücksichtigung der Sensitivität des Drehfehlers auf geringe Abweichungen der Zahnflankentopographie und Achslage, werden die Ergebnisse der Methode als valide eingeschätzt.

Die entwickelte Methode ist damit geeignet, die Lastaufteilung sowie das Anregungsverhalten von Planetengetrieben unter Einbeziehung elastischer Verformungen und Verlagerungen auf Basis von in der Auslegung bekannten Größen vorherzusagen. Einschränkungen hinsichtlich der Validität müssen für höhere Anregungsordnungen und geringe Drehmomente hingenommen werden. Damit ist die Methode unter den genannten Einschränkungen zur Auslegung und Optimierung von Planetengetrieben im elastischen Verzahnungsumfeld unter Berücksichtigung der Wechselwirkungen des Mehrfacheingriffes geeignet.

# 8 Optimierung von Zahnflankenmodifikationen für Lastkollektive an einer Windenergieanlage

*Optimization of Tooth Flank Modifications for Load Spectra of a Wind Turbine*

Die im vorangegangenen Kapitel 6 entwickelte und in Kapitel 7 validierte Methode wird im Folgenden zur Optimierung einer realen Planetenstufe einer Windenergieanlage eingesetzt. Als Basis dient hierbei das bereits in Kapitel 4 untersuchte Getriebe der FVA Gondel und die dort gemessenen Achslageabweichungen des Planetenträgers im Vergleich zum Sonnen- und Hohlrad aufgrund anliegender äußerer Lasten [JACO19].

Ziel des nachfolgenden Kapitels ist es, die Auswirkungen der Schiefstellung der Getriebekomponenten mit Hilfe der lokalen Schadensakkumulation zu bewerten und durch eine gezielte Korrektur der Zahnflanken zu reduzieren. Aufgrund der Abhängigkeit der Verlagerungssituation von den anliegenden äußeren Lasten, findet sowohl die Bewertung als auch die Neuauslegung für ein Lastkollektiv statt.

## 8.1 Ermittlung der lokalen Schädigung

*Determination of Local Damage*

Die Analyse der Breitenlastverteilung am realen Windgetriebe zeigt eine positionsabhängige Lastverteilung, vgl. Bild 14. Hierdurch werden die Zahnflanken je nach Trägerstellung unterschiedlich stark und an unterschiedlichen Stellen beansprucht. Ein Ermüdungsschaden auf der Zahnflanke tritt definitionsgemäß auf, wenn die Beanspruchung die Beanspruchbarkeit übersteigt [ISO19b, ISO19d]. Ein Wechsel des hochbeanspruchten Bereiches auf der Zahnflanke, durch eine Verlagerung des Tragbildes, kann so in der Theorie zu einer Steigerung der Lebensdauer führen, da unterschiedliche Bereiche beansprucht werden. Im ersten Abschnitt soll daher der Einfluss der Schiefstellung des Getriebegehäuses auf die lokale Schädigung ermittelt werden. Die Ergebnisse werden anschließend zwei weiteren Ansätzen gegenübergestellt, bei denen im ersten Fall die maximale Schiefstellung für alle Zahneingriffe angenommen wird und im zweiten Fall die Schiefstellung vernachlässigt wird. Durch den Vergleich soll nachgewiesen werden, dass eine Vernachlässigung der Schiefstellung in der Auslegung zu einer Überschätzung und eine Berücksichtigung des maximalen Wertes zu einer Unterschätzung der Lebensdauern führt.

Die Verwendung der FVA Gondel als Demonstrator der Optimierungsmethode und zur Bewertung des Einflusses der Verlagerung auf die lokale Schädigung erfolgt, da insbesondere die Verlagerungen des Planetenträgers im Bezug zum Gehäuse für zahlreiche Lastsituationen mit Belastungen in allen sechs Freiheitsgraden aus den Messungen bekannt sind [JACO19]. Ausgewählte Versuchspunkte stellen in Verbindung mit der dazugehörigen gemessenen Trägerverlagerung in Form der Verdrehung um die X-Achse $\varphi_x$ die Lastklassen des untersuchten Lastkollektivs dar. Dies führt zu plausiblen Kombinationen von anliegenden Lasten und Verlagerungen. Die Aufteilung der Lastwechselzahlen auf die jeweiligen Kollektivklassen entspricht nicht der Realität, sondern ist so verteilt, dass ein Großteil des Betriebs bei Nenndrehmoment stattfindet. Eine Übersicht auf die verwendeten Eingangsdaten ist **Tabelle 8-1** zu entnehmen. Alle Betriebspunkte weisen eine konstante Gewichtskraft des Rotors in z-Richtung von $F_z$ = -488 kN auf, eine Belastung mit Axialkräften $F_x$ und Querkräften $F_y$ erfolgt nicht. Das verwendete Koordinatensystem ist Bild 12 zu entnehmen.

**Tabelle 8-1:** Berücksichtigte Lastkollektivklassen

| Nr. | $M_x$ [kNm] | $M_y$ [kNm] | $M_z$ [kNm] | $F_x$ [kN] | $F_y$ [kN] | $F_z$ [kN] | $\varphi_x$ [°] | Lastwechsel [%] |
|---|---|---|---|---|---|---|---|---|
| 1 | 304 | 0 | 0 | 0 | 0 | -488 | 0,0277 | 10 |
| 2 | 639 | 0 | 0 | 0 | 0 | -488 | 0,0157 | 5 |
| 3 | 973 | 0 | 0 | 0 | 0 | -488 | 0,0187 | 20 |
| 4 | 1312 | 0 | 0 | 0 | 0 | -488 | 0,0170 | 30 |
| 5 | 1650 | 0 | 0 | 0 | 0 | -488 | 0,0204 | 20 |
| 6 | 1650 | 1000 | 0 | 0 | 0 | -488 | 0,0065 | 7 |
| 7 | 1650 | -1000 | 0 | 0 | 0 | -488 | 0,0157 | 8 |

Neben den Belastungen aus den Betriebsbedingungen ist die Beanspruchbarkeit des Werkstoffes eine notwendige Eingangsgröße zur Beschreibung der lokalen Schädigung. Das Materialverhalten wird über eine Wöhlerlinie beschrieben. Die entsprechenden Werte für die Sonnen- und die Planetenräder werden für einsatzgehärtete Räder aus ISO 6336 Teil 5 für die Materialqualität MQ ermittelt [ISO16]. Für das Materialverhalten des Hohlrades werden Werte für vergütete Zahnräder herangezogen. Die verwendeten Wöhlerlinien sind in **Bild 53** aufgetragen.

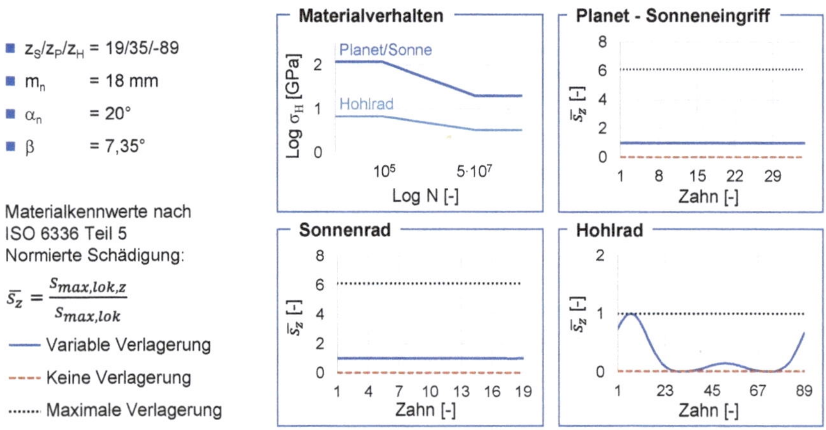


**Bild 53:** Ergebnisse der lokalen Schädigungsakkumulation

*Results of the Local Damage Accumulation*

Die dauerfest ertragbare Flankenpressung der einsatzgehärteten Zahnräder liegt bei 1300 MPa, die des Hohlrades bei 520 MPa, vgl. Bild 53 Mitte oben. Die Berücksichtigung der Trägerverlagerung $\varphi_x$ in der Schadensakkumulation auf der Flanke wird in drei unterschiedlichen Weisen durchgeführt. Bei der ersten Variante wird die Verlagerung für jeden Zahneingriff anhand der Winkelposition der Elemente berechnet und jede Teilung einzeln analysiert (Variable Verlagerung). In der zweiten Variante wird die Verlagerung des Trägers nicht berücksichtigt (Keine Verlagerung) und in der dritten der maximal auftretende Wert für alle Positionen angenommen (Maximale Verlagerung).

Die aus der Zahnkontaktanalyse berechneten Pressungen auf der Zahnflanke entsprechen nicht dem Normwert der Flankenpressung $\sigma_H$, da Anwendungsfaktoren nicht berücksichtigt werden. Des Weiteren entspricht das Lastkollektiv nicht der Realität, so dass eine Berechnung des absoluten Schädigungswertes nicht sinnvoll ist. Ein relativer Vergleich der berechneten Teilschädigungen zwischen einzelnen Flankenbereichen oder Auslegungen ist jedoch legitim. Daher wird ein normierter Schädigungswert $\bar{s_z}$ gebildet. Definiert ist dieser Wert als Verhältnis der maximalen Schädigung pro Zahn $s_{max,lok,z}$ zur maximalen Schädigung eines Rades $s_{max,lok,var}$ bei der Berechnung mit variabler Verlagerung. Bei einem Wert von $\bar{s_z}$ = 1 weist der betrachtete Zahn im Vergleich zu den übrigen Zähnen des Rades die höchste Schädigung auf. Bei $\bar{s_z}$ = 0 tritt am betrachteten Zahn keine Schädigung auf.

Im oberen rechten Teil von Bild 53 sind die Ergebnisse der lokalen Schädigungsakkumulation für das Planetenrad im Sonnenkontakt abgebildet. Zu sehen ist, dass die normierte Schädigung einen konstanten Wert von $\bar{s_z}$ =1 für alle Zähne am Planetenrad annimmt. Am Sonnenrad wird das gleiche Verhalten beobachtet. Am Hohlrad hingegen treten unterschiedliche Schädigungen in Abhängigkeit der Zahnposition auf. Hierbei wird der Zahn sieben am meisten geschädigt. Der Verlauf des Graphen weist an dieser Stelle ein lokales Maximum auf, ein zweites lokales Maximum mit geringerer Amplitude tritt um $\vartheta$ = 180° versetzt bei Zahn 51 auf. Die Ergebnisse für die Planetenradflanke, welche in Kontakt mit dem Hohlrad steht, werden nicht dargestellt. Die auftretenden Pressungen liegen für diesen Eingriff allesamt unterhalb des Dauerfestigkeitsniveaus, so dass keine Schädigung ermittelt werden kann.

Der konstante Verlauf der Schädigung am Sonnen- und am Planetenrad ist durch das Umlaufen der beiden Räder zu erklären. Jeder Zahn sowohl des Sonnenrades als auch des Planetenrades hat keine feste globale Eingriffsposition, sondern diese ist abhängig von der aktuellen Trägerstellung. Die aus der Verlagerung des Trägers resultierenden Abweichungen des Zahneingriffes sind ebenfalls trägerpositionsabhängig, daher treten an einem Zahn des Sonnen- und Planetenrades zeitlich variable Abweichungen auf. Nach einer kompletten Überrollung des Planetengetriebes wird aufgrund der teilerfremden Ausführung von Sonnen- und Planetenradzähnezahl jeder Zahn den gleichen Positionen und damit Belastungen ausgesetzt. Am Hohlrad weist ein Zahn aufgrund der ortsfesten Positionierung in einer Kollektivklasse stets identische Eingriffsbedingungen auf. Daher ändert sich der Grad der Schädigung in abhängig der Zahnposition. Das zweite lokale Maximum fällt hierbei aufgrund der vorliegenden Korrekturen am Planetenrad, die die Auswirkungen der Achslageabweichungen reduzieren, geringer aus.

Ferner sind in den Diagrammen die Ergebnisse der lokalen Schädigungsakkumulation ohne und mit maximaler Verlagerung angegeben vgl. Bild 53. Als Bezugswert wurde die lokal ermittelte, maximale Schädigung bei variabler Verlagerung beibehalten. Es kann festgestellt werden, dass bei einer Berechnung ohne Verlagerung keine Schädigungen der Zahnflanken auftreten. Alle Pressungen liegen unterhalb des dauerfesten Bereichs des Werkstoffes und sind nicht schädigungsrelevant. Wird die maximale Verlagerung zur Beurteilung der Schädigung herangezogen, so resultiert am Hohlrad der gleiche Maximalwert wie bei der lokalen Auswertung. Am Sonnen- und Planetenrad sind die Schädigungen um den Faktor sechs höher als bei der lokalen Berechnung. Eine Dimensionierung der Verzahnungen mit dem Maximalwert der Verlagerung wäre damit zwar sicher, aber gleichzeitig deutlich überdimensioniert. Eine Dimensionierung ohne Berücksichtigung des Einflusses der variablen Auswirkungen über dem Umfang führt hingegen zu unterdimensionierten Verzahnungen.

In **Bild 54** sind die Schadenswerte auf den maximal belasteten Zahnflanken aufgetragen. Zu sehen ist, dass die geschädigten Bereiche an allen Rädern sehr lokal eingegrenzt sind. Am Planeten- und Sonnenrad treten geschädigte Bereiche an der linken und rechten Flanke an jedem Zahn auf. Hierbei wird die linke Seite der Verzahnung stärker beansprucht als die rechte Seite der Flanke. Am Hohlrad ist die Schädigung abhängig von der Position des Zahns auf dem Umfang. An Zahn sieben wird die höchste Schädigung ermittelt. Diese tritt lokal begrenzt im Kopfbereich auf der linken Flankenseite auf. Beim zweiten lokalen Maximum an Zahn 51 wird der rechte Bereich der Zahnflanke stärker beansprucht. Auch hier ist die höchste Schädigung im Kopfbereich festzustellen, fällt jedoch deutlich geringer als an Zahn sieben aus. Die Kopfbereiche sind in der Regel aufgrund positiven Schlupfes weniger schädigungsrelevant als hohe Lasten im Bereich negativen Schlupfes, dennoch zeigt die lokale Eingrenzung der Schädigung, dass die Flanke suboptimal genutzt wird. Eine gleichmäßige Schädigung über der gesamten Flanke würde einer idealen Geometrie entsprechen, bei der alle Stellen der Flanke gleichzeitig versagen [SFAR11]. Die Bereiche der höchsten Schädigung resultieren aus Kantenträgern, die von der Verzahnungsgeometrie nicht robust ausgeglichen werden können. Im Hohlradkontakt liegt die maximale Beanspruchung im Bereich des oberen Einzeleingriffsgebietes, da hier die effektiv größten Lasten von einem Zahnpaar übertragen werden müssen. Auf der Planetenflanke ist im Kopfbereich eine Rücknahme aufgebracht, wodurch das zweite Einzeleingriffsgebiet im Hohlradeingriff entlastet wird. Im Sonnenkontakt werden beide Einzeleingriffsgebiete aufgrund von beidseitig vorgesehenen Kopfrücknahmen entlastet. Daher treten die maximalen Schädigungen dort im Doppeleingriffsgebiet auf.

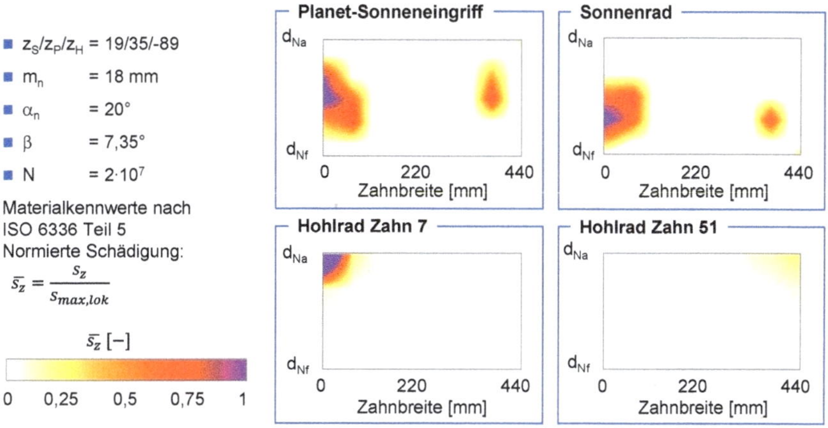


**Bild 54:** Analyse des Ortes der maximalen Schädigung

*Analysis of the Location of Maximum Damage*

## 8.2 Vorgehen bei der Auslegung

*Design Approach*

Das hier gezeigte Vorgehen fokussiert sich auf die Auslegung der Flankenkorrekturen des Planetenrades. Das Optimierungsziel ist es, dass die Robustheit in der Tragfähigkeit gegenüber Verlagerungen zunimmt. Zusätzlich soll die Gesamtanregung mit in die Auslegung integriert werden. Als Eingangsgrößen für die Auslegung wird die gemittelte Flankenlinienwinkelabweichung $\bar{f}_{H\beta}$ über eine Trägerumdrehung sowie die Amplitude der Schwankung der Flankenlinienwinkelabweichung $\hat{f}_{H\beta}$ von Maximal- bis Minimalwert zur Abbildung der Trägerverlagerung für jeden Lastfall mit einbezogen. Die Auslegung erfolgt mit einer Variantenrechnung in der FE-Stirnradkette sowie einem Postprocessing und einer statistischen Auswertung der Ergebnisse mit Hilfe des Programms µOPT, vgl. **Bild 55** [HELL15].

Die Variantenrechnung erfolgt getrennt für die Einzeleingriffe zwischen Sonnen- und Planetenrad sowie Hohl- und Planetenrad, um Rechenaufwand zu reduzieren und so die Anwendbarkeit der Methode in der industriellen Praxis zu erhöhen. Die zugrundeliegende Hypothese ist hierbei, dass eine Reduktion der Auswirkung der Verlagerung auf den Einzeleingriff ebenfalls einen positiven Einfluss auf das gesamte Planetengetriebe aufweist.

Die Optimierung der Zahnflankenmodifikationen beruht auf einer Variantenrechnung, welche durch eine gezielte Auswertung des Variantenraumes eine Aussage über die Qualität und Stabilität unterschiedlicher Nennauslegungen zulässt. Im Variantenraum werden dabei sowohl die Werte der Zahnflankenmodifikation sowie das Drehmoment variiert. Eine besondere Relevanz hat dabei die Flankenlinienwinkelabweichung, welche über einen breiten Bereich variiert wird, um die wirkenden Verlagerungen später in der Auswertung zu berücksichtigen. Für jede einzelne Variante wird im Anschluss eine Zahnkontaktanalyse mit der FE-Strinradkette v.4.2 durchgeführt und die Kennwerte des Einsatzverhaltens in Form der maximalen Flankenpressung und des Drehfehlers ermittelt. Der Variationsraum und die Schrittweiten sind in **Tabelle 8-2** angegeben. Alle Größen werden vollfaktoriell variiert, womit sich eine Gesamtanzahl von 573.804 Berechnungen pro Eingriff ergibt.

**Tabelle 8-2:** Variationsparameter der Optimierungsrechnung

| Parameter | Startwert | Endwert | Schrittweite |
|---|---|---|---|
| Profilwinkelabweichung $f_{H\alpha}$ | 0 µm | 50 µm | 10 µm |
| Profilballigkeit $C_\alpha$ | 0 µm | 50 µm | 10 µm |
| Betrag Kopfrücknahme $C_a$ | 40 µm | 100 µm | 10 µm |
| Flankenlinienwinkelabweichung | -400 µm | 400 µm | 25 µm |
| Breitenballigkeit $C_\beta$ | 0 µm | 100 µm | 10 µm |
| Drehmoment Planet $M_{Planet}$ | 33.055 Nm | 178.240 Nm | 33.055 Nm |

Das Lastkollektiv, welches in Abschnitt 8.1 zur Bewertung der lokalen Schädigung herangezogen wird, wird in der Optimierung über die Flankenlinienwinkelabweichung und das wirkende Drehmoment berücksichtigt. Für jede Lastklasse und demnach Verlagerungssituation wird die mittlere Flankenlinienwinkelabweichung $\bar{f}_{H\beta,nom}$ und die Amplitude der Flankenlinienwinkelabweichung $\hat{f}_{H\beta}$ bestimmt. Nachfolgend werden im Variantenraum zunächst alle Varianten identifiziert, die das Drehmoment der Lastkollektivklasse aufweisen. Innerhalb dieser Gruppe werden über den Mittelwert und die Amplitude der Flankenlinienwinkelabweichung mögliche Nennauslegungen der Zahnflankenmodifikation bestimmt, bei denen alle auftretenden Werte im Variantenraum enthalten sind. Die Differenz zwischen der nominellen Abweichung $\bar{f}_{H\beta,nom}$ und der mittleren Flankenlinienwinkelabweichung der speziellen Nennauslegung $\bar{f}_{H\beta}$ beschreibt den Wert der Korrektur. Nachfolgend werden die Einzelergebnisse des Drehfehlers und der Flankenpressung für jede im Verlagerungsbereich auftretende Flankenlinienwinkelabweichung bestimmt.

Aus der Summe der Einzelergebnisse wird der Wert $K_{H\beta,\gamma}$ als Faktor der Pressungsüberhöhung der Zahnflanke über einer Trägerumdrehung sowie $\Delta\varphi_\gamma$ als Schwankung des Drehfehlers im Zeitbereich über einer Trägerumdrehung für jede Nennauslegung und jede Laststufe bestimmt. Hierzu wird jeweils der Maximalwert des Drehfehlers $\Delta\varphi_{max}$ bzw. der Flankenpressung $\sigma_{Hmax}$ aus allen über eine Trägerumdrehung auftretenden Verlagerungswerten ermittelt und durch den beim mittleren $\bar{f}_{H\beta}$ auftretenden Wert geteilt. Eine zusätzliche Randbedingung, die in der Auswertung hinzugefügt wird, ist die symmetrische Ausführung der Flankenkorrekturen auf beiden Zahnflanken des Planeten.

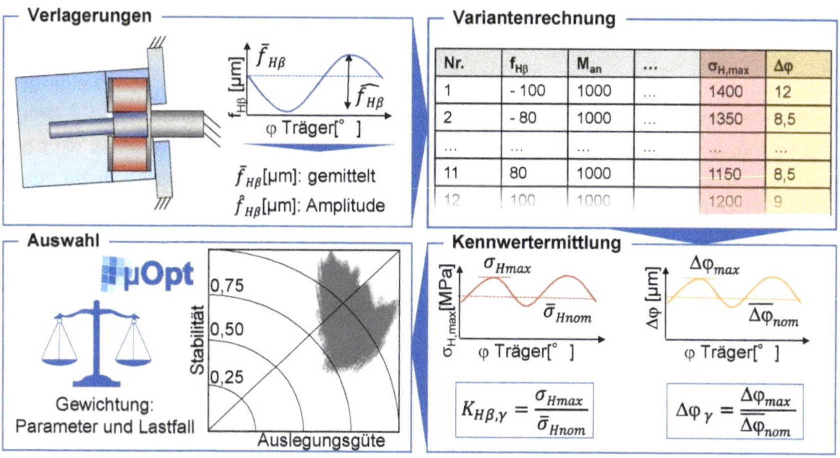


**Bild 55:** Vorgehen bei der Auslegung verlagungsoptimierter Planetengetriebe

*Approach to Design Planetary Gearboxes Optimized for Misaligned Conditions*

In die Bewertung der Varianten fließen als Parameter die maximale HERTZ'sche Pressung, der Drehfehler bei der mittleren Verlagerung sowie die beiden neu eingeführten Überhöhungsfaktoren $K_{H\beta,\gamma}$ und $\Delta\varphi_{\gamma}$ ein. Alle Größen werden für jede Nennvariante für den Sonnen- sowie den Hohlradeingriff ermittelt und anschließend zusammen bewertet. Die Bewertung erfolgt in Abhängigkeit des Lastfalls und des Parameters mit Hilfe der Software µOPT über ein lineares Notensystem. Hierbei werden die Lastfälle mit steigendem Rotormoment stärker gewichtet und die Pressung wird höher als der Drehfehler gewertet. Die Übersicht über die Bewertung der einzelnen Größen ist in **Bild 56** dargestellt.

Neben der Bewertung jeder Nennauslegung in Form der Auslegungsgüte werden die beiden benachbarten Nennauslegungen mit der jeweils nächst höheren und niedrigeren Flankenlinienwinkelabweichung ($f_{H\beta}$ = +25 µm und $f_{H\beta}$ = -25 µm) mit in die Bewertung der Stabilität einbezogen. Hierdurch kann sichergestellt werden, dass durch Fertigungsabweichungen oder eine Ungenauigkeit in der Bestimmung der Verlagerungen keine großen Abweichungen zum optimierten Einsatzverhalten vorliegen. Die Auswahl der besten Variante erfolgt händisch über ein Schaubild, in dem die Auslegungsgüte der Stabilität gegenübergestellt wird. Die Wahl der Variante erfolgt über die Bestimmung des Abstandes zum theoretischen Optimum durch die Formel (8-1).

$$D_{opt} = \sqrt{Auslegungsgüte^2 + Stabilität^2} \quad \textbf{(8-1)}$$

## 8.3 Ergebnisse und Vergleich

*Results and Comparison*

Die optimierte Flankengeometrie unterscheidet sich im Wesentlichen durch eine aufgebrachte Profilwinkelabweichung sowie eine höhere Breitenballigkeit von der Nennauslegung, vgl. Bild 56. Durch die Profilwinkelabweichung am Planetenrad wird der Zahnkopf des Hohlrades entlastet und die maximale Belastung wandert in Richtung der Zahnmitte. Der Effekt der geänderten Mikrogeometrie wird durch einen Vergleich der Ergebnisse der lokalen Schadensakkumulation vor und nach der Optimierung deutlich. Als Referenzwert der normierten Schädigung wird der Wert $s_{max,lok,Ursprung}$ der ursprünglichen Variante beibehalten und die Neuauslegung dazu ins Verhältnis gesetzt.

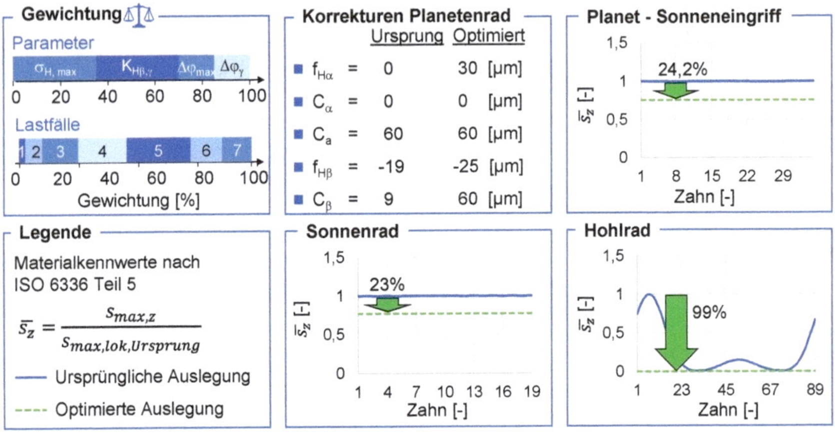


**Bild 56:** Auswirkung der Getriebeoptimierung auf die Schädigung der Zahnflanken

*Influence of the Gearbox Optimization on Tooth Flank Damage*

Im Sonneneingriff kann sowohl am Planeten als auch am Sonnenrad eine Reduktion der Schädigung auf einen Wert von $\bar{s}_z$ = 0,75 erreicht werden. Die Flankenschädigung des Hohlrades kann bis auf einen Wert von $\bar{s}_z$ = 0,01 herabgesenkt werden, sodass fast keine Schädigung vorliegt. Die lokal differente Ausprägung der Schädigung in Abhängigkeit der Zahnposition wird ebenfalls reduziert. Der Grund hierfür ist einerseits die Vermeidung von Kantenträgern, die zu hohen Belastungen im Randbereich der Verzahnungen geführt haben. Hierdurch entstanden in der ursprünglichen Auslegung hohe Schädigungswerte, die nun reduziert werden können. Andererseits wandert das Tragbild im Hohlradkontakt aufgrund der Profilwinkelabweichung vom Kopf der Verzahnung in Richtung der Flankenmitte, wodurch lokal hohe Pressungen im Kopfbereich vermieden werden können.

Die Ergebnisse der Analyse der lokalen Schädigungen auf der Zahnflanke bestätigen diese Thesen, vgl. **Bild 57**. Im Planet-Sonneneingriff liegt der maximal geschädigte Bereich der Zahnflanke nicht mehr am Rand der Verzahnung in Breitenrichtung vgl.

Bild 54, sondern im mittleren Bereich. Zudem verteilt sich die Schädigung über einen breiteren Bereich in Zahnhöhenrichtung. Im Sonnenrad ist die Ausrichtung der Schädigung in Zahnbreitenrichtung ebenfalls zentraler als bei der Grundauslegung. Hier tritt die Schädigung jedoch weiterhin lokal in Zahnhöhenrichtung auf. Auf der Zahnflanke des Hohlrades sind zwischen Zahn sieben und 51, den Orten der lokalen Maxima der Belastung, geringere Unterschiede als bei der Grundauslegung zu erkennen. Am Zahn sieben tritt weiterhin die größte Schädigung auf. Im Vergleich zur Nennauslegung ist der Ort der maximalen Schädigung sowohl in Höhen-, als auch in Breitenrichtung zentraler auf der Zahnflanke. Am Zahn 51 treten Schädigungen in Höhe von ca. 75 % der Maximalschädigung auf, was zeigt, dass sich im Vergleich zum größeren Unterschied bei der Grundauslegung die Positionsabhängigkeit der Schädigung reduziert. Auch hier liegt der Bereich der maximalen Schädigung zentraler.

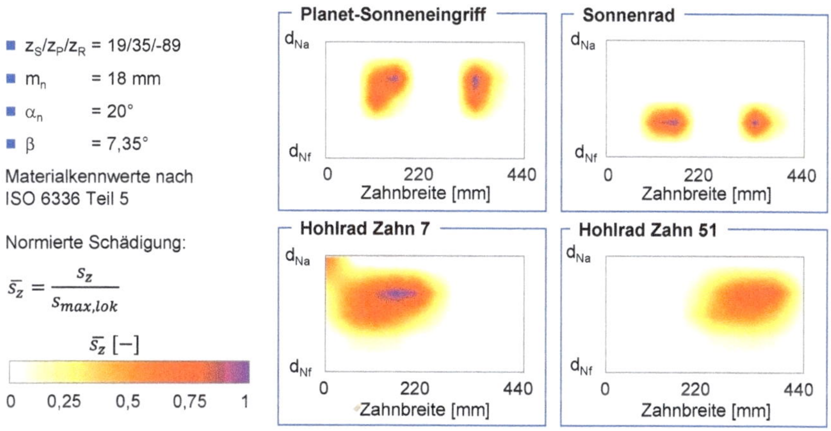


**Bild 57:** Einfluss der Getriebeoptimierung auf den Ort der Schädigung

*Influence of the Gearbox Optimization on the Location of Maximum Damage*

Die Ergebnisse der Anregungsanalyse vor und nach der Optimierung sind in **Bild 58** exemplarisch für einen Lastfall dargestellt. Im Hohlradeingriff ist eine deutliche Reduktion der Amplitude der niederfrequenten Anregungen zu erkennen. Die Werte sinken von $\Delta\varphi$ = 5 µm auf $\Delta\varphi$ = 1 µm, im Sonneneingriff von $\Delta\varphi$ = 4 µm auf $\Delta\varphi$ = 1 µm. Durch die Einbeziehung des Schwankungswertes des Drehfehlers über einer Umdrehung in der Auslegung ist eine Reduktion im niedrig frequenten Bereich plausibel. Bei den Zahneingriffsordnungen ist im Hohlradeingriff ein Anstieg der Amplitude zu erkennen. Die Amplitude der ersten Zahneingriffsordnung bei der 89sten Drehordnung des Hohlrades, steigt von $\Delta\varphi$ = 0,5 µm auf $\Delta\varphi$ = 2,3 µm an. Die Seitenbänder sind unverändert. Im Sonnenradeingriff werden die Seitenbänder nach der Optimierung nicht mehr angeregt. Die Zahneingriffsordnung steigt von $\Delta\varphi$ = 1 µm auf $\Delta\varphi$ = 2,3 µm an, vgl. Bild 58.

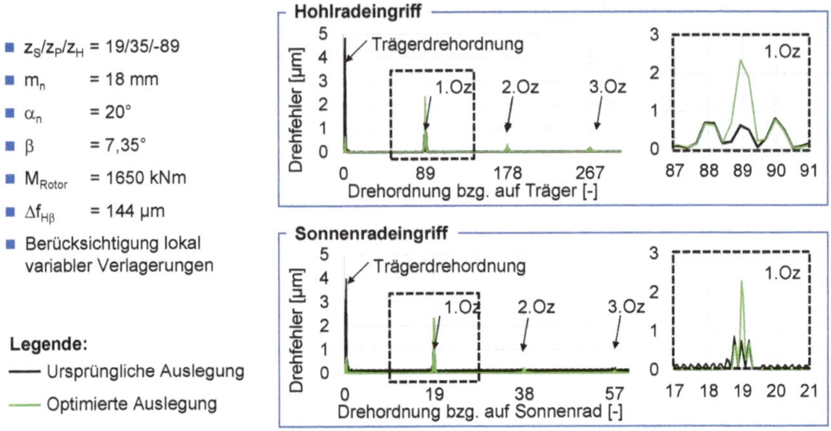


**Bild 58:** Einfluss der Getriebeoptimierung auf die Anregung

*Influence of the Optimization on the Excitation*

Mit Hilfe der vorgestellten Methode zur Optimierung der Verzahnungsmikrogeometrie unter Berücksichtigung von Trägerverlagerungen ist es möglich, die Auslegungsziele einer höheren Tragfähigkeit und zumindest einer geringeren Anregung im Bereich der Trägerordnungen zu erfüllen. Eine Senkung der Gesamtanregung konnte mit den verwendeten Parametern nicht erfolgen, da durch die höhere Breitenballigkeit eine erhöhte Anregung der Zahneingriffsordnungen entsteht. In Abhängigkeit des Auslegungszieles sollte daher auch die Anregung in den Zahneingriffsordnungen mit in die Bewertung einbezogen werden. Mit Hilfe der Methode ist es möglich, lastabhängige, lokal variable Verlagerungen bei unterschiedlichen Laststufen in der Auslegung zu berücksichtigen. Mit Hilfe der Kennwerte der mittleren Flankenlinienwinkelabweichung $\bar{f}_{H\beta}$ und der Amplitude der Flankenlinienwinkelabweichung $\hat{f}_{H\beta}$ werden automatisiert Auswertegrößen zur Bewertung der Lastüberhöhung sowie der Drehfehlerschwankung aufgrund von Trägerverlagerungen bereitgestellt, sodass eine Simulation einer kompletten Überrollung eines Getriebes bei der Auslegung der Flankenkorrekturen nicht notwendig ist.

## 8.4 Fazit

*Conclusion*

Variable Lastzustände über der Betriebsdauer von Getrieben werden in der Auslegung durch Lastkollektive berücksichtigt. Hierbei werden im Hinblick auf die Tragfähigkeit Lastkollektivklassen gebildet und Teilschädigungen anhand der jeweiligen Lastspielzahlen bestimmt. Die ISO 6336 Teil 6 empfiehlt bei wechselnden Lastaufteilungsfaktoren $K_\gamma$ aber ansonsten gleichen Randbedingungen nicht die Berücksichtigung des Maximalwertes, sondern die Bildung eines weiteren (inneren) Lastkollektives entsprechend der Auftretenshäufigkeit des Lastaufteilungsfaktors [ISO19a].

Zusätzlich zu auftretenden Schwankungen im Lastaufteilungsfaktor können durch über dem Umlauf wechselnde Kontaktbedingungen, hervorgerufen durch bspw. verlagerte Zentralelemente, Schwankungen der Breitenlastverteilungsfaktoren $K_{F\beta}$ und $K_{H\beta}$ auftreten. Eine Empfehlung zur Bildung weiterer Kollektivklassen anhand der Breitenlastverteilung wird bisher nicht empfohlen.

Die hier vorgestellten Ergebnisse zeigen, dass eine Berücksichtigung des maximalen Breitenlastverteilungsfaktors ebenfalls zu einer Überdimensionierung der Getriebekomponenten führt. Das außer Acht lassen der über dem Umfang veränderlichen Breitenlastverteilung führt zu einer Unterdimensionierung. Eine einfache Kollektivbildung auf Basis der Breitenlastverteilungsfaktoren ist dennoch nicht zielführend, da diese die Berücksichtigung des wechselnden Ortes der maximalen Beanspruchung nicht berücksichtigt. Hohe Breitenlastverteilungen die einseitig auftreten sind schädigungsrelevanter als wechselseitig auftretende, da das beanspruchte Volumen wechselt. Der Nachweis der Tragfähigkeit muss daher in diesen Fällen über lokale Verfahren stattfinden.

Zur Beantwortung des ersten Teils der dritten Forschungsfrage, wie das Einsatzverhalten von Planetengetrieben über Zahnflankenmodifikationen verbessert werden kann, wird eine Methode entwickelt und deren Effektivität überprüft. Die Methode berücksichtigt dabei die variablen Kontaktbedingungen und identifiziert anhand der Nominal- und Schwankungswerte der Flankenlinienwinkelabweichung optimierte Zahnflankengeometrien. Die Basis bildet hierbei eine voll faktorielle Variantenrechnung. Im Variationsraum der Variantenrechnung werden anhand der Grenzen der auftretenden Flankenlinienwinkelabweichung Lösungsräume definiert und als Kollektiv bewertet. Die Bewertung erfolgt dabei über Einzahlkennwerte, welche die nominelle Beanspruchung und Anregung sowie deren Schwankung beziffern. Somit ist es möglich, wechselnde Kontaktbedingungen in Kombination mit weiteren Lastkollektiven in der Auslegung zu berücksichtigen.

Da dieser Ansatz weiterhin auf eine lokale Betrachtung des Ortes der Beanspruchung verzichtet, wird zur Bewertung erneut die lokale Schadensakkumulation herangezogen. Hierbei zeigt sich eine Verbesserung der Flankenausnutzung und eine zentralere Lage des Ortes der maximalen Schädigung. In Summe konnte die maximale Schädigung des Gesamtgetriebes um $\Delta \bar{S}_z$ = 23 % gesenkt werden, wodurch die Effektivität der Methode und die Notwendigkeit der Berücksichtigung in der Auslegung bestätigt werden kann. Eine Anpassung der Zahnflankenmodifikationen hat dabei Auswirkungen auf weitere Größen des Einsatzverhaltens wie die Anregung und den Wirkungsgrad. Im hier gezeigten Beispiel erfolgte die Steigerung der Tragfähigkeit auf Kosten einer Erhöhung der Anregung im Bereich der Zahneingriffsordnungen. Über die Gewichtung der einzelnen Faktoren ist es möglich, die Priorität bei der Auslegung anzupassen.

# 9 Methode zur kombinierten Auslegung von Verzahnung und Struktur

*Method for Combined Design of Gear and Structure*

Mit den Erweiterungen, welche in Abschnitt 6.3.1 vorgestellt werden, ist es möglich, das Gehäuse und dessen Steifigkeitseinfluss in der Zahnkontaktanalyse zu berücksichtigen. Das Ziel des folgenden Abschnittes ist es aufzuzeigen, wie die erweiterte Methode zur Leistungsdichtsteigerung eingesetzt werden kann. Hierzu wird nicht wie sonst üblich die Verzahnung auf das Verlagerungs- und Steifigkeitsverhalten der Umgebung angepasst, sondern das Hohlradgehäuse derart optimiert, dass die Wirkung auf den Zahnkontakt optimiert und das Bauteilgewicht gesenkt werden kann.

Hierzu wird zunächst der Einfluss der Gehäusestruktur an der FVA Gondel aufgezeigt und diskutiert [JACO19]. Im Anschluss wird eine Methode auf Basis eines genetischen Algorithmus entwickelt, mit welchem die Gehäusestruktur optimiert werden kann. Die Ergebnisse der Optimierung werden vorgestellt und das Ergebnis im Fazit zusammengefasst.

## 9.1 Einfluss der Gehäusestruktur auf das Einsatzverhalten der Planetenstufe einer Windenergieanlage

*Influence of the Housing Structure on the Application Behavior of a Planetary Gearbox of a Wind Turbine*

Zur Quantifizierung des Einflusses der Gehäusestruktur auf das Einsatzverhalten von Planetengetrieben wird, wie bereits in Abschnitt 8, die Planetenstufe des Getriebes der FVA Gondel untersucht [JACO19]. Aus Gründen der besseren Veranschaulichung wurde die Verzahnung dahingehend modifiziert, dass sich eine symmetrische Eingriffsfolge an den Zentralrädern ergibt. Die symmetrische Zahneingriffsfolge bedingt bei gleichen Steifigkeiten jedes Zahns eines Rades eine ideale Lastaufteilung auf die einzelnen Leistungspfade, da sich zu jedem Zeitpunkt alle Eingriffe mit einem Zentralrad in der gleichen Eingriffsstellung befinden. Resultierende Kraftschwankungen im Modell werden daher ausschließlich durch ungleiche Umgebungssteifigkeiten aus der Hohlradanbindung verursacht. Die geänderten Zähnezahlen werden über eine Profilverschiebung des Sonnen- und Hohlrades kompensiert, sodass der Achsabstand identisch bleibt, vgl. **Bild 59**.

Das Originalgehäuse wird an einem Durchmesser $d_{DM}$ = 1756 mm mit der Verzahnung verbunden, vgl. Bild 59. Der Außendurchmesser des Hohlradgehäuses beträgt $D_{DM}$ = 1920 mm. Damit ergibt sich eine Radkranzdicke zwischen Hohlradfußkreis und Gehäuse von $s_r$ = 5,5 $m_n$. Die Fesselung erfolgt symmetrisch auf Höhe der Hohlradachse an beiden Seiten mit einer Stützweite von Sw = 2240 mm. Die Drehmomentstütze ist mittig über der Zahnbreite positioniert und weist eine Wandstärke von $b_{DM}$ = 100 mm auf. Das Gehäuse ist auf der Rückseite bis auf eine Durchführung für den Planetenträger geschlossen und auf der Vorderseite geöffnet. Im Realgetriebe würde die Öffnung durch den Stirnradkasten geschlossen, welcher hier jedoch nicht berücksichtigt wird.

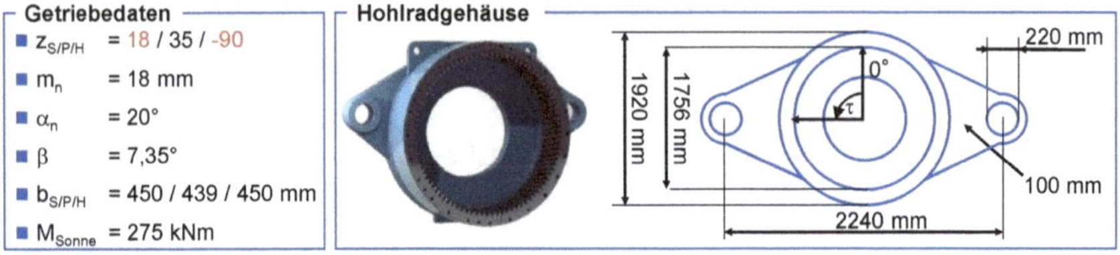


**Bild 59:** Angepasste Getriebedaten und Gehäuseabmessungen der FVA Gondel

*Modificated Gear Data and Housing Dimensions of the FVA Nacelle*

Gemäß der in Abschnitt 6.3.1 vorgestellten Vorgehensweise wird das CAD-Modell des Getriebegehäuses mit Hilfe des kommerziellen FE-Solvers Abaqus vernetzt und die Randbedingungen der Fesselung und Hohlradanbindung festgelegt. Im Anschluss wird unter Berücksichtigung der Gehäusestruktur die Einflusszahlenberechnung durchgeführt und die Zahnkontaktanalyse des Planetengetriebes für eine Teilung ausgeführt. Anschließend wird das Hohlradgehäuse um den Drehwinkel einer Teilung weitergedreht und neu mit der Verzahnung verbunden. Nach einer Simulation von 30 Teilungen befindet sich der zweite Planet an der Stelle, an der der erste Planet gestartet ist, sodass die vorhandenen Ergebnisse aneinandergereiht werden können, um den Einfluss einer ganzen Trägerumdrehung abzubilden. Das angelegte Drehmoment am Sonnenrad entspricht mit $M_{Sonne}$ = 275 kNm dem Nenndrehmoment der Anlage. Die Ergebnisse der Berechnung sind in **Bild 60** rechts dargestellt. Im oberen Diagramm ist die Ordnungsanalyse des Drehfehlers zwischen Planetenträger und Sonnenrad aufgetragen.

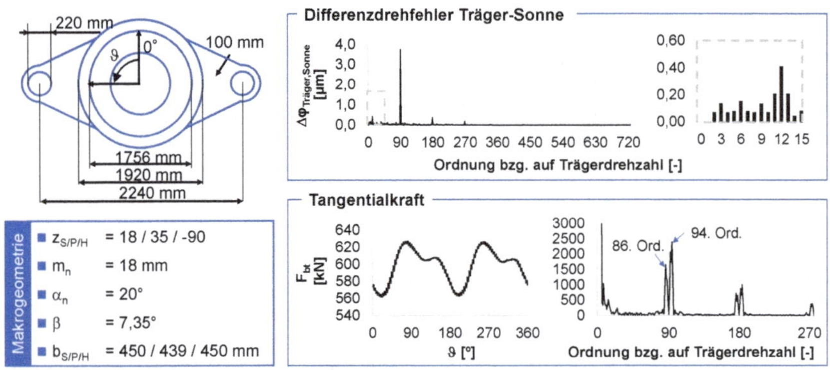


**Bild 60:** Einsatzverhalten der Planetenstufe unter Berücksichtigung des Getriebegehäuses

*Application Behavior of the Gear Stage under Consideration of the Gearbox Housing*

Da die Ordnungen bezogen auf den Planetenträger dargestellt werden, entspricht die erste Zahneingriffsordnung dem Absolutwert der Zähnezahl des Hohlrades und damit

1. $O_z$ = 90. Zu erkennen ist, dass die erste Zahneingriffsordnung mit $\Delta\varphi_{Träger,Sonne}$ = 3,9 µm (p2p) das Anregungsspektrum dominiert, was aufgrund der symmetrischen Zahneingriffsfolge plausibel ist. Die zweite und dritte Zahneingriffsordnung werden ebenfalls angeregt, weisen dabei aber geringere Amplituden auf. Neben der Anregung in der Zahneingriffsordnung und deren Vielfachen ist zudem eine Anregung im Bereich niedriger Trägerdrehordnungen zu erkennen. Angeregt werden dabei insbesondere die dritte Drehordnung und deren Harmonische, wobei die zwölfte Drehordnung die höchste Amplitude mit $\Delta\varphi_{Träger,Sonne}$ = 0,41 µm (p2p) aufweist. Die Ursache der Anregung der niedrigen Drehordnungen liegen in der variierenden Steifigkeit des Hohlrades über dem Umfang. Aufgrund der verbauten drei Planeten wird jede Position dreimal pro Trägerumdrehung überwälzt. Die hohe Anregung der zwölften Drehordnung resultiert dabei aus der Symmetrie der Gehäusestruktur. Der auftretende Effekt kann über den Verlauf der Zahnkraft über einer Trägerumdrehung beschrieben werden, vgl. Bild 60 unten.

Im Verlauf der Zahnkraft eines Planeten über dem Trägerdrehwinkel ist eine deutliche Schwankung mit einer Amplitude von $\Delta F_{bt} \approx 40$ kN zu erkennen. Der Verlauf der beiden weiteren Planeten ist identisch. Bei einer idealen Lastaufteilung auf alle Planeten würde die Zahnkraft konstant $F_{bt,ideal} \approx 600$ kN entsprechen. Die auftretende Schwankung führt dabei zu einem Lastaufteilungsfaktor von $K\gamma$ = 1,048. Die Maxima des Kraftverlaufes befinden sich bei $\vartheta$ = 78° und $\vartheta$ = 168°. Eine Kraftüberhöhung resultiert auf Basis des zugrundeliegenden Federmodells aus Abschnitt 6.2 aus einer im Vergleich höheren Eingriffssteifigkeit. An den Positionen der Maxima findet der Zahnkontakt vergleichsweise nah an der Abstützung der Drehmomentenstütze statt, was eine höhere Steifigkeit bedingt. Zeitgleich befinden sich die beiden anderen Planeten in einem Bereich mit vergleichsweise geringer Steifigkeit, wodurch die Überhöhung erklärt werden kann. Die Minima treten um $\Delta\vartheta$ = 120° versetzt zu den Maxima auf, da hier der nachfolgende Planet im Bereich hoher und der betrachtete Planet im Bereich niedriger Steifigkeit eingreift.

Im rechten unteren Diagramm ist die Ordnungsanalyse der Kraftschwankung an einem Planeten dargestellt, vgl. Bild 60 unten rechts. Zu erkennen sind vor allem hohe Amplituden im Bereich niedriger Trägerdrehordnungen. Weitere Kraftschwankungen treten im Bereich der ersten Zahneingriffsordnung mit Amplituden von bis zu $\Delta F_{bt}$ = 2350 N auf. Auffällig ist hierbei, dass nahezu keine Anregung in der eigentlichen Zahneingriffsordnung auftritt, sondern in der 86. Ordnung (1.$O_z$ - 4) und 94. Ordnung (1.$O_z$ + 4). Die Anteile im Bereich der Zahneingriffsordnungen entstehen durch Unterschiede im Steifigkeitsverlauf der einzelnen im Eingriff stehenden Zahnpaare über das Abwälzen einer Teilung. Die Verschiebung der Anregung auf die Seitenbänder wird dabei durch eine Modulation des Signals mit der vierten Trägerdrehordnung, welche im Zeitverlauf beobachtet werden kann, hervorgerufen.

Die Analyse des an die FVA Gondel angenäherten Beispielgetriebes zeigt, dass das Gehäuse trotz einer vergleichsweise dickwandigen Ausführung einen Einfluss auf das

Einsatzverhalten zeigt. Das Anregungsverhalten in Form von Zahnkraft- und Drehwegschwankungen wird von der ungleichmäßigen Steifigkeit des Hohlradgehäuses beeinflusst. Durch die wechselnden Steifigkeitsverhältnisse werden ebenfalls Seitenbänder in der Kraftanregung hervorgerufen, deren Ordnung abhängig vom Gehäusedesign ist.

## 9.2 Optimierungsansatz

*Optimization Approach*

Ziel der Optimierung ist die Steigerung der Leistungsdichte durch die Reduktion der Bauteilmasse des Hohlradgehäuses. Die im Kapitel 9.1 durchgeführte Analyse zeigt, dass das Gehäuse das Einsatzverhalten der Planetenstufe beeinflusst. Eine Bewertung des Einflusses des Gehäuses auf das Einsatzverhalten ist daher essenziell, um Leistungsdichtesteigerungen ohne Tragfähigkeitseinbußen oder erhöhte Anregungen zu erreichen. Daher wird im folgenden Abschnitt eine Methode zur Formoptimierung der Gehäusestruktur unter gleichzeitiger Berücksichtigung des Einsatzverhalten vorgestellt. Bevor eine numerische Optimierung erfolgen kann, ist das zu optimierende Bauteil zunächst zu parametrisieren, vgl. **Bild 61**.

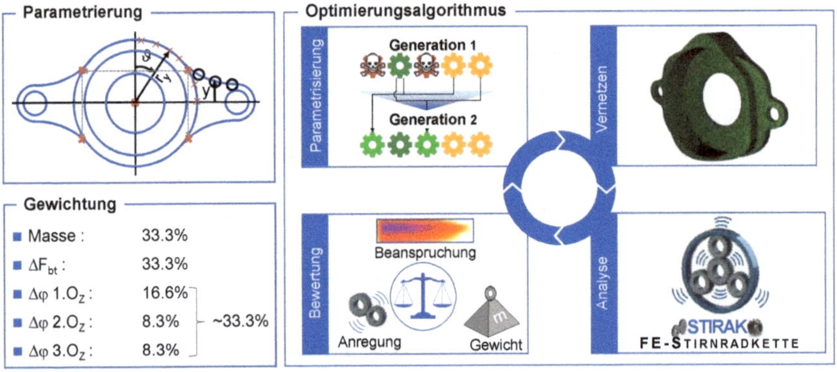


**Bild 61:** Vorgehen bei der Optimierung der Gehäusestruktur

*Approach to Optimize the Housing Structure*

Der innere Durchmesser der Hohlradaufnahme, die Durchführung des Planetenträgers sowie die Anbindung an den Maschinenträger werden nicht optimiert, da diese feste Schnittstellen zur Umgebung darstellen. Im Fokus steht daher die Außenkontur der Hohlradaufnahme sowie die Gestaltung der Anbindung des Hohlrades an den Maschinenträger. Der Außendurchmesser wird über insgesamt 28 Stützstellen beschrieben. Dabei wird die Symmetrie des Bauteils ausgenutzt und das Gehäuse in vier Quadranten aufgeteilt. Im ersten Quadranten befinden sich sieben Stützstellen, die anschließend für die Optimierung genutzt werden. Die Koordinaten der ersten sieben Stützstellen werden in die übrigen Quadranten über die vertikale und horizontale Symmetrieachse gespiegelt, sodass alle Quadranten die gleiche Geometrie aufweisen.

Die einzelnen Stützstellen werden automatisiert über Splines verbunden, so dass eine stetige Kontur entsteht. Um die Anzahl der Optimierungsparameter zu reduzieren, wird den Punkten eine feste Winkellage zugewiesen. Die Verteilung über dem Umfang erfolgt in gleichmäßigen Winkelschritten. Der zur Optimierung freigegebene Parameter für jeden Punkt ist der Radius $r_y$ der Kreisbahn um den Mittelpunkt des Hohlrades, auf dem sich dieser Punkt befindet. So kann lokal die Wandstärke der Hohlradaufnahme über dem Umfang optimiert werden. Die Anbindung der Drehmomentstütze an die Hohlradaufnahme wird ebenfalls in allen vier Quadranten identisch ausgeführt. Die Parametrisierung erfolgt über drei Punkte. Der Abstand der Punkte zur vertikalen Symmetrieachse wird festgelegt, sodass die Optimierung über den Abstand y zur horizontalen Symmetrieachse erfolgt. Die Punkte werden ebenfalls untereinander mit einem festen Anbindungspunkt an der Hohlradaufnahme sowie der Schnittstelle zum Maschinenträger über Splines verbunden.

Bild 61 zeigt im rechten Teil den Ablauf der Optimierung der Gehäusestruktur. Im ersten Schritt werden den zur Optimierung freigegebenen Parametern Werte zugewiesen. Dies erfolgt über einen genetischen bzw. evolutionären Optimierungsalgorithmus. Im Rahmen dieser Arbeit wird der „GENETIC ALGORITHM (GA)“ der Software Matlab 2018b verwendet [MATH20]. Ähnlich wie in der Natur erfolgt die Optimierung über mehrere Generationen. Eine Generation besteht dabei aus einer bestimmten Anzahl von Individuen, die sich in ihrer Gestalt voneinander unterscheiden. Für jedes Individuum wird nach der Festlegung der Parameter automatisiert die Geometrie im kommerziellen FE-Solver Abaqus erzeugt und zu einem FE-Modell vernetzt. Die Knoten, die später im Kontakt mit dem Hohlrad stehen oder zur Fesselung des Modells verwendet werden, werden automatisiert über den Algorithmus identifiziert und übergeben.

Das FE-Modell sowie die Information der Fesselung und der Anbindung des Hohlrades werden anschließend von der erweiterten Zahnkontaktanalyse zur Analyse der erzeugten Geometrie verwendet, siehe Kapitel 9.1. Hierbei wird das Gehäuse zunächst mit dem Hohlrad verbunden und anschließend eine Zahnkontaktanalyse durchgeführt. Um die über dem Umfang variable Steifigkeit abzubilden, werden sukzessive alle Zahneingriffe über dem Hohlradumfang belastet und analysiert. Das Beispielgetriebe weist eine Zähnezahl am Hohlrad von $z_H = -90$ auf und es werden drei Planeten im Winkelversatz von $\Delta\vartheta = 120°$ verbaut. Nach einer drittel Umdrehung des Planetenträgers befindet sich der zweite Planet an der Startposition des ersten Planeten, sodass sich die Vorgänge wiederholen. Daher ist ein Abwälzen von insgesamt 30 Teilungen ausreichend.

Nach der Analyse werden die Ergebnisse gewichtet und über eine Zielfunktion bewertet. Als Bewertungsgrößen wurden Kennwerte für die Beanspruchung und Anregung sowie das Gewicht der Struktur festgelegt. Die Beanspruchung wurde in dem hier gezeigten Beispiel über die Lastaufteilung auf die einzelnen Leistungspfade bewertet, die konkrete Größe ist die Schwankungsbreite der tangentialen Zahnkraft am Grundkreis

$\Delta F_{bt}$ eines Planeten bei einer kompletten Umdrehung des Planetenträgers. Als Kenngröße zur Beschreibung der Anregung wurde der Drehfehler zwischen An- und Abtrieb, also Planetenträger und Sonne, ermittelt. Die Größe, die in die Bewertung einfloss, ist die Amplitude des Drehfehlers $\Delta\varphi$ in den ersten drei Zahneingriffsordnungen. Die Masse der Gehäusestruktur wurde über das Volumen des FE-Modells und der Dichte des Materials bestimmt.

Alle Einzelgrößen wurden aufgrund der unterschiedlichen Größenordnungen mit den Ergebnissen der Ursprungsvariante aus Abschnitt 9.1 normiert, sodass ein Wert kleiner als Eins eine Verbesserung darstellt. Die Gewichtung der einzelnen Kenngrößen in der Zielfunktion erfolgte linear und mit dem Ziel, eine ausgewogene Auslegung zwischen Materialeffizienz, Lastaufteilung und Anregung zu erreichen. Daher wurden alle Kenngrößen mit ca. 33,3 % in der Zielfunktion gewichtet, vgl. Bild 61 unten links. Aufgrund der festgestellten Dominanz der $1.O_z$ bei der Nennauslegung wurde diese mit 16,6 % doppelt so hoch gewichtet als die zweite und dritte Ordnung.

Die gewichtete Bewertung eines jeden Individuums wird am Ende einer Berechnung dem Optimierungsalgorithmus übergeben. Die Berechnungsergebnisse der einzelnen Individuen einer Generation werden anschließend verwendet, um die nächste Generation von Individuen zu erstellen. Dabei werden die Merkmale der besten Individuen miteinander gepaart und schlechte Individuen pflanzen sich nicht in die nächste Generation fort. Die Optimierung läuft dabei so lange, bis keine Verbesserung mehr eintritt oder die vorgegebene, maximale Anzahl an Generationen erreicht wird.

## 9.3 Ergebnis der Optimierung der Gehäusestruktur

*Results of the Optimized Housing Structure*

Für die Optimierung der Gehäusestruktur wird eine Anzahl von zehn Individuen pro Generation gewählt. Die Optimierungsparameter werden über Minimal- und Maximalwerte eingeschränkt. Der maximal mögliche Außendurchmesser der Gehäuseanbindung wird auf $D_{DM,max}$ = 2200 mm festgelegt, der minimale Durchmesser auf $D_{DM,min}$ = 1800 mm. Der minimale Durchmesser entspricht dabei einer Radkranzstärke von $s_{r,min} = 2{,}2 \cdot m_n$, um die Tragfähigkeit des Radkranzes weiterhin zu gewährleisten. Die Optimierung wird aufgrund von geringen Unterschieden zwischen den Individuen und aufgrund langer Rechenzeiten nach 35 Generationen beendet. Damit wurden in Summe ca. 350 unterschiedliche Parametersätze untersucht.

Die Gehäusekontur mit der besten Bewertung ist in **Bild 62** unten links dem Originalgehäuse oben links gegenübergestellt. Die Drehmomentstützen gehen im Vergleich zur Referenz erst später in den Hohlradkranz über, sodass die Abstützung über einen größeren Winkelbereich erfolgt. Zu erkennen ist ebenfalls eine variierende Wandstärke der Hohlradanbindung über dem Umfang. Tendenziell sind die Bereiche, an denen die Drehmomentstütze angreift, dünnwandiger ausgeführt als die freien Bereiche. Insbesondere die Position bei $\vartheta = 78°$ und $\vartheta = 258°$ weisen im Vergleich zur übrigen Kontur sehr geringe Wandstärken auf. Die Masse der optimierten Variante weist mit

$m_{opt}$ = 2881 kg eine um $\Delta m$ = 3,8 % (absolut 113 kg) geringer Masse gegenüber der Referenz mit $m_{ref}$ = 2994 kg auf.

In den beiden oberen Diagrammen in Bild 62 ist das Ordnungsspektrum des Gesamtdrehfehlers für die Referenzvariante in schwarz und die optimierte Variante in grün aufgetragen. In den beiden unteren Diagrammen ist jeweils die Differenz der Amplituden aufgetragen. Ein Wert oberhalb von $\Delta\Delta\varphi_{Träger,Sonne}$ = 0 µm entspricht dabei einer höheren Anregung der Optimierung im Vergleich zur Referenz, ein Wert unterhalb von $\Delta\Delta\varphi_{Träger,Sonne}$ = 0 µm einer geringeren Amplitude der optimierten Geometrie.

Beide Gehäusevarianten zeigen für die meisten Drehordnungen ähnliche Amplituden. Im Vergleich zur Referenz kann die Anregung der 1. $O_z$ um $\Delta\Delta\varphi_{Träger,Sonne}$ = 0,13 µm auf $\Delta\Delta\varphi_{Träger,Sonne}$ = 3,6 µm gesenkt werden. Die Amplituden der Harmonischen der Zahneingriffsordnung bleiben unverändert. Im Bereich der niedrigen Trägerdrehordnungen wird insbesondere die sechste Drehordnung verstärkt angeregt. Mit einer Amplitude von $\Delta\Delta\varphi_{Träger,Sonne}$ = 0,62 µm bleibt die Anregung jedoch deutlich unter dem Niveau der 1.$O_z$. Die niedrigen Trägerdrehordnungen sind nicht Teil der Zielfunktion, sodass deren Entwicklung keinen Einfluss auf den Verlauf der Optimierung hat.

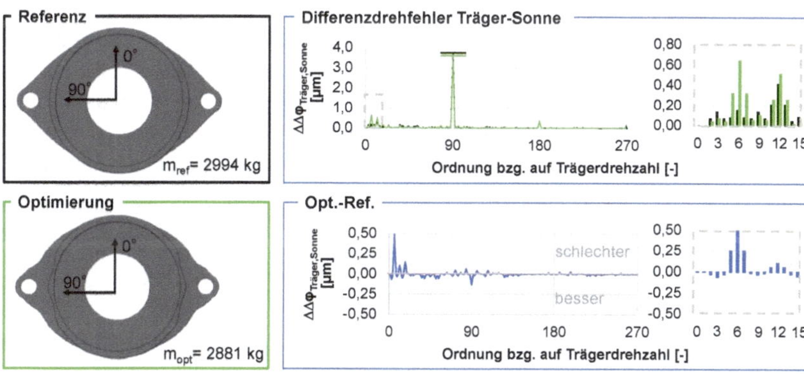


**Bild 62:** Einfluss der optimierten Geometrie auf das Anregungsverhalten

*Influence of the Optimized Geometry on the Excitation Behavior*

Analog zur Gegenüberstellung des Anregungsverhaltens sind in **Bild 63** die Zahnkraftverläufe der Referenz und der optimierten Variante gegenübergestellt. Im Winkelverlauf im oberen linken Diagramm sowie der aufgetragenen Differenz im unteren linken Diagramm ist zu erkennen, dass der Einfluss der Optimierung auf den Kraftverlauf im Vergleich zur Gesamtschwankung gering ausfällt. Dennoch kann festgestellt werden, dass die Bereiche der Lastspitzen bei $\vartheta$ = 78° und $\vartheta$ = 258° um $\Delta F_{bt}$ = 1,5 kN entlastet werden. Zudem wird in den Bereichen niedrigster Last bei $\vartheta$ = 10° und $\vartheta$ = 190° geringfügig mehr Last übertragen, sodass der Lastaufteilungsfaktor von $K_\gamma$ = 1,048 auf $K_\gamma$ = 1,046 sinkt. Des Weiteren kann festgehalten werden, dass die Änderung der übertragenen Last des betrachteten Planeteneingriffes sich nicht nach $\Delta\vartheta$ = 180° wiederholt, da die Kontur spiegelsymmetrisch erzeugt und nicht sich wiederholende Abschnitte aneinandergereiht werden.

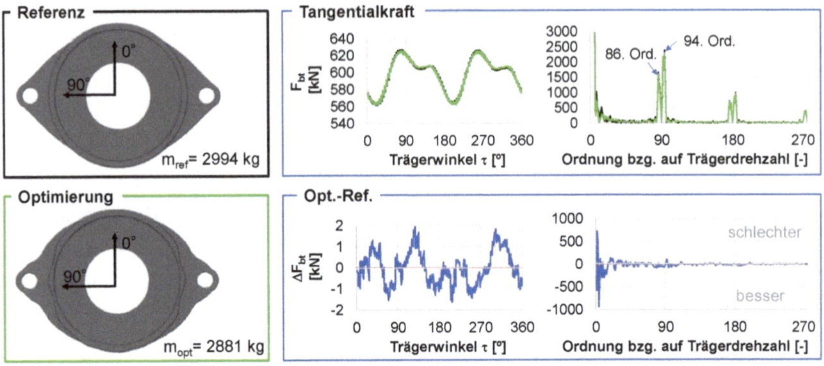


**Bild 63:** Einfluss der optimierten Geometrie auf die Lastaufteilung und Kraftanregung

*Influence of the Optimized Geometry on Load Sharing and Force Excitation*

Die Analyse der Kraftschwankung im Ordnungsbereich Bild 63 rechts zeigt ebenfalls für einen weiten Ordnungsbereich nur geringe Unterschiede in den Amplituden. Die höchsten Abweichungen zwischen Referenz und Optimierung sind im Bereich der niedrigen Trägerdrehordnungen erkennbar. Hier kann die Kraftschwankung in der ersten und vierten Trägerdrehordnung reduziert werden. Die Schwankung in der zweiten Trägerdrehordnung steigt hingegen an.

## 9.4 Fazit

*Conclusion*

Zur Beantwortung des zweiten Teils der dritten Forschungsfrage, wie das Einsatzverhalten von Planetengetrieben über eine gezielte Auslegung der Struktur optimiert werden kann, wurde eine Methode entwickelt und deren Funktionalität an einem Beispiel dargelegt. Die Methode erfüllt gemäß der Gewichtungsvorgaben das Ziel der Auslegung. Der Optimierungsalgorithmus erzeugt dabei eine Gehäusestruktur, welche die variierende Eingriffssteifigkeit über dem Umfang des Hohlrades mit Hilfe angepasster Wandstärken reduziert. Hierdurch können im Vergleich zur Referenz geringere Anregungen im Drehfehler der 1.$O_Z$ erreicht und die Kraftschwankung über einer Trägerumdrehung reduziert werden. Der Grund für das verbesserte Einsatzverhalten ist die gezielte Anpassung der Steifigkeiten über dem Umfang des Hohlrades. Hohlradpositionen mit geringerer Eingriffssteifigkeit werden durch größere Wandstärken versteift. Die Bereiche mit höherer Eingriffssteifigkeit im Bereich der Drehmomentstützen werden gezielt durch geringe Wandstärken weicher ausgeführt. Insbesondere der Zahnkraftverlauf, welcher sich aus den Steifigkeitsunterschieden der Einzeleingriff ergibt, korreliert dabei mit den optimierten Wandstärken.

Festzuhalten ist, dass mit der angenommenen Gewichtung der Kenngrößen die Optimierung des Einsatzverhaltens eher marginal erfolgt. Jedoch kann bei leicht verbessertem Einsatzverhalten ebenfalls eine deutliche Massenreduktion von $\Delta m$ = 113 kg und damit 3,8 % erreicht werden. Die Gehäusekontur wurde entlang der Drehachse, also in Verzahnungsbreitenrichtung, nicht optimiert. Hierdurch ist eine Herstellung des Gehäuses durch Gießen weiterhin möglich und der Fertigungsaufwand bleibt damit identisch, sodass eine Kostenersparnis durch Reduktion der Materialkosten erzielt werden kann.

Mit zusätzlichen Individuen pro Generation und weitere Evolutionen des Algorithmus sowie eine feinere Auflösung der Parametrierung steigt die Chance eine optimalere Variante zu erzeugen. Alle genannten Faktoren haben dabei einen Einfluss auf den Rechenaufwand, sodass diese Maßnahmen gezielt abgewogen werden müssen. Zudem kann durch eine Anpassung der Gewichtungsfaktoren und der Hinzunahme weiterer Parameter die Zielsetzung der Auslegung angepasst werden. Neben der Bewertung der direkt zugänglichen Größen der Zahnkraftschwankung und des Drehfehlers, können ebenfalls Zahnfußspannungen oder Zahnflankenpressungen oder auch die lokale Schädigung aus Abschnitt 8 mit in die Optimierung einfließen. Hierdurch ergibt sich weiteres Potenzial durch die gezielte Auslegung der Verzahnungsumgebung den Zahneingriff selbst zu optimieren.

# 10 Zusammenfassung

Die Forschungshypothese dieser Arbeit, dass die Auswirkungen höherer Elastizitäten des Hohlrades und des Verzahnungsumfeldes auf das Einsatzverhalten von Planetengetrieben durch eine angepasste Auslegung des Getriebesystems kompensiert und die Leistungsdichte so gesteigert werden kann, konnte durch die Beantwortung der drei Forschungsfragen bestätigt werden. Dazu wurden die in Planetengetrieben auftretenden Effekte aus elastischen Verformungen identifiziert und Methoden bereitgestellt, mit welchen die Auswirkungen auf das Einsatzverhalten im Auslegungsprozess reduziert werden können.

*Forschungsfrage 1*: Die Identifikation der wirksamen Achslageabweichungen aufgrund äußerer Lasten sowie innerer Verformungsmechanismen erfolgt anhand einer messtechnischen Untersuchung einer Forschungswindenergieanlage. Es können rotatorische und translatorische Verlagerungen der Zentralelemente Planetenträger und Hohlrad identifiziert werden, welche aus äußeren Lasten resultieren und zu über dem Umfang veränderlichen Breitenlastverteilungen führen. Zur gezielten Analyse der Auswirkungen der identifizierten Achslageabweichungen wird eine Messzelle entwickelt, welche die Messung von Lastaufteilung, Anregungsverhalten und Verlagerungen im gezielt fehlausgerichteten System erlaubt. Die Ergebnisse zeigen bei allen Versuchen eine starke Anregung der ersten Zahneingriffsordnung trotz sequentieller Phasenlage. Zudem können im System mit verlagertem Planetenträger Modulationseffekte im Ordnungsspektrum des Drehfehlers nachgewiesen werden, welche aus einer Amplituden- und Frequenzmodulation resultieren.

*Forschungsfrage 2*: Zur Überführung der gewonnen Erkenntnisse in die Auslegung wird die Zahnkontaktanalyse FE-STIRNRADKETTE um die Abbildung von Planetengetrieben erweitert. Wechselwirkungen des Mehrfacheingriffes werden über ein erweitertes Einflusszahlen- und Federmodell abgebildet, sowie Schnittstellen zur Anbindung von Strukturkomponenten und Vorgabe von Achslageabweichungen geschaffen. Zur Bewertung von variablen Kontaktzuständen aus der Verlagerung von Zentralelementen auf die Tragfähigkeit wird eine lokale Schadensakkumulation implementiert. Anhand der Messdaten wird die entwickelte Methode validiert.

*Forschungsfrage 3*: Die Optimierung des Einsatzverhaltens erfolgt an einer Forschungswindenergieanlage. Es werden zwei Ansätze verfolgt. Der erste, klassische Ansatz optimiert die Zahnflankengeometrie, um die Auswirkungen der Achslageabweichungen zu kompensieren. Der zweite Ansatz ist eine Formoptimierung des Hohlradgehäuses auf Basis eines genetischen Algorithmus. Die Zielfunktion wird dabei mit den Ergebnissen der Zahnkontaktanalyse unter Einbeziehung des Gehäuses erstellt, sodass die Struktur hinsichtlich ihrer Auswirkungen auf den Zahnkontakt optimiert wird. Final konnte die Masse des Gehäuses bei gleichem Einsatzverhalten um 113 kg reduziert und damit die Leistungsdichte des Getriebes gesteigert werden.

# 11 Ausblick

Im Rahmen der hier vorliegenden Arbeit können einige Aspekte des Einsatzverhaltens von Planetengetrieben unter Berücksichtigung elastischer Verformungen adressiert, aber teilweise nicht vollumfänglich beantwortet werden. Die messtechnischen und simulativen Untersuchungen fokussieren sich auf die Tragfähigkeit sowie das Anregungsverhalten, sodass Einflüsse auf den Wirkungsgrad nicht identifiziert werden konnten. Der vermehrte Einsatz von Planetengetrieben bei Anwendungen mit hohen Leistungen in bspw. der Energieproduktion bedingen auch bei geringen Wirkungsgradschwankungen hohe absolute Verlustleistungen. Eine weitere Betrachtung des Wirkungsgrades scheint daher sinnvoll.

Es kann durch die messtechnische Untersuchung der Hohlradkranzspannungen gezeigt werden, dass sich der Spannungs- und damit Verformungszustand des Hohlrades mit der Anzahl an Planetenrädern ändert. Wie ausgeprägt der Einfluss der gegenseitigen Beeinflussung ist, kann nicht final nachgewiesen werden, da andere Effekte ausgeprägter in Erscheinung treten. Weitere experimentelle sowie simulative Untersuchungen sind hier sinnvoll. Hierbei sollte der Fokus insbesondere auf Zahnfuss- sowie Radkranzspannungen und deren Auswirkung auf die Tragfähigkeit gelegt werden.

Im Rahmen der experimentellen Untersuchungen sind Modulationseffekte im Drehfehlersignal bei verlagerten Zentralelementen aufgetreten, welche zu einer Verschiebung der maximal angeregten Ordnung führen. Zusätzlich werden Seitenbandcharakteristiken im Bereich der ersten Zahneingriffsordnung identifiziert, die abhängig von der aufgeprägten Achslageabweichung scheinen. Wird in weiteren Untersuchungen eine Korrelation zwischen Anregungscharakteristik und zugrundeliegender Achslageabweichung bestätigt, kann dieser zur Identifikation von Montagefehlern genutzt werden. Durch die kontinuierliche Messung und Auswertung eines Drehfehlersignals im Betrieb in Form eines Condition Monitoring könnten zudem Rückschlüsse auf die Änderung der Achslagen und damit dem Verschleiß positionsbestimmender Komponenten gezogen werden.

Die Formoptimierung des Getriebegehäuses stellt im Rahmen dieser Arbeit einen kombinierten Ansatz aus Strukturauslegung und Zahnkontaktanalyse dar. Dabei wird die Umgebung direkt auf die Bedürfnisse des Zahneingriffes hin optimiert, anstatt die Auswirkungen der Umgebung im Anschluss auf die Verzahnung durch Flankenkorrekturen zu kompensieren. Die Methode ist dabei nicht nur auf Hohlradgehäuse beschränkt, sondern kann auf weitere Komponenten, bei denen Struktur und Verzahnung in Wechselwirkung stehen, übertragen werden. Die Ergebnisse der Arbeit zeigen damit, dass eine Integration der Verzahnungsauslegung in die Systemsimulation weiteres Potential zur Steigerung der Leistungsdichte nutzbar macht. Die Abbildung der Wechselwirkungen von System und Komponente sollte daher zukünftig stärker fokussiert werden und die Auslegung der Einzelkomponenten damit auf Basis des Systems und nicht losgelöst von diesem erfolgen.

# Summary

The research hypothesis of this thesis, that the effects of higher elasticities of the ring gear and the gear surroundings on the application behavior of planetary gears can be compensated by an adapted design of the gear system and the power density can thus be increased, could be confirmed by answering the three research questions. To this end, the effects of elastic deformations occurring in planetary gears were identified and methods were provided with which the effects on the operating behavior can be reduced during the design process.

*Research Question 1*: The identification of the effective axial misalignment due to external loads as well as internal deformation mechanisms is carried out by means of a measurement-based investigation of a research wind turbine. Rotational and transverse displacements of the central elements planet carrier and ring gear can be identified, which result from external loads and lead to variable load distributions over the circumference. For the specific analysis of the effects of the identified axial misalignments, a measuring cell is developed which allows the measurement of load distribution, excitation behavior and misalignments in the specifically misaligned system. The results show a strong excitation of the first gear mesh order in all experiments despite sequential phase position. In addition, modulation effects in the order spectrum of the transmission error resulting from amplitude and frequency modulation can be detected in the system with a displaced planet carrier.

*Research Question 2:* In order to transfer the knowledge gained into the design, the tooth contact analysis FE-STIRNRADKETTE is extended by the representation of planetary gears. Alternating effects of multiple meshes are represented by an extended influence coefficient and spring model, as well as interfaces for the connection of structural components and the specification of axial misalignments are created. A local damage accumulation is implemented for the evaluation of variable contact conditions from the displacement of central elements on the load-carrying capacity. Based on the measured data, the developed method is validated.

*Research Question 3:* The optimization of the application behavior is carried out by means of a research wind turbine. Two approaches are followed. The first, classical approach, optimizes the tooth flank geometry to compensate for the effects of axial misalignments. The second approach is a shape optimization of the ring gear housing based on a genetic algorithm. Here, the objective function is created using the results of the tooth contact analysis with the housing included, so that the structure is optimized in terms of its effects on tooth contact. In the end, the mass of the housing was reduced by 113 kg while maintaining the same operational behavior, with which the power density of the Gearbox could be increased.

# Outlook

Within the scope of the work presented here, some aspects of the operational behavior of planetary gears under consideration of elastic deformations can be addressed, but in part not fully answered. The measurement-based and simulative investigations focus on the load-carrying capacity and the excitation behavior, so that influences on the efficiency could not be determined. The increased use of planetary gears in applications with high power, e.g. in energy production, requires high absolute power losses even with small fluctuations in efficiency.

By measuring the ring gear stresses, it can be shown that the stress and thus the deformation condition of the ring gear changes according to the number of planetary gears. How pronounced the influence of the interaction is cannot be conclusively proven, since other effects are more pronounced. Further experimental and simulative investigations are advisable here. In particular, the focus should be on tooth root and rim stresses and their effect on the load-carrying capacity.

In the context of the experimental investigations, modulation effects have occurred in the transmission error signal in the case of displaced central elements, which lead to a shift in the maximum excited order. In addition, sideband characteristics in the area of the first gear mesh order are identified, which seem to be dependent on the imposed axial misalignment. If a correlation between excitation characteristics and underlying axial misalignment is confirmed in further investigations, this can be used to identify assembly errors. Continuous measurement and evaluation of a transmission error signals during operation in the form of condition monitoring could also be used to draw conclusions about the change in axial alignment and thus the wear of position-determining components.

In the context of this work, the shape optimization of the gearbox housing represents a combined approach of structural dimensioning and tooth contact analysis. Here, the surroundings are optimized directly to the needs of the tooth contact, instead of compensating the effects of the surroundings subsequently on the tooth contact by flank corrections. The method is not limited to ring gear housings, but can be applied to other components where structure and gear mesh interact. The results of the work thus show that an integration of the gear design into the system simulation makes further potential for increasing the power density usable. The depiction of the interactions between system and component should therefore be focused on more strongly in the future and the design of the individual components should be based on the system and not be separated from it.

# 12 Literaturverzeichnis

*References*


[BAUM13] Baumann, F.:
Theoretische Untersuchungen zur Lastaufteilung und Lastverteilung in Planetengetrieben.
Bd. Nr. 422, Düsseldorf: VDI, 2013

[BONG90] Bong, H.-B.:
Erweiterte Verfahren zur Berechnung von Stirnradgetrieben auf der Basis numerischer Simulation und der Methode Finiter Elemente.
Diss. RWTH Aachen University, 1990

[BREC16a] Brecher, C.; Rieg, F.:
Z88 STIRAK. Realitätsnahe Berücksichtigung des elastischen Umfeldes auf den Zahneingriff mittels FEM.
Abschlussbericht zum Forschungsvorhaben Nr. 484 IV, Heft 1196, Forschungsvereinigung Antriebstechnik e.V., Frankfurt a.M., 2016

[BREC16b] Brecher, C.; Piel, D.:
Verifikation Innenverzahnung.
Abschlussbericht zum Forschungsvorhaben FVA 127 IX, Heft Heft 1188, Forschungsvereinigung Antriebstechnik e.V., Frankfurt a.M., 2016

[BREC17a] Brecher, C.; Löpenhaus, C.; Theling, J.; Schroers, M.; Piel, D.:FE-Based Method for Design of Robust Tooth Flank Modifications for Cylindrical and Planetary Gear Stages Regarding Manufacturing Tolerances By.
AGMA Fall Technical Meeting, 2017

[BREC17b] Brecher, C.; Löpenhaus, C.; Ahmad, M.:
Analysis of the Dynamic Excitation Behavior of High Speed Transmissions.
In: Proceedings of 7th WZL Gear Conference in the USA. Ann Arbor, Michigan, 18.-19. Juli 2017. Aachen: Apprimus, 2017

[BREC18] Brecher, C.; Rieg, F.:
Einfluss elastischer Radkörperstrukturen auf die Tragfähigkeitsberechnung bei Stirnradverzahnungen.
Zwischenbericht zum Forschungsvorhaben Nr. 484 V, Forschungsvereinigung Antriebstechnik e.V., Frankfurt a.M., 2018

[CAO02] Cao, J.:
Anforderungs- und fertigungsgerechte Auslegung von Stirnradverzahnungen durch Zahnkontaktanalyse mit Hilfe der FEM.
Diss. RWTH Aachen University, 2002

[CARL14] Carl, C.:
Gehörbezogene Analyse und Synthese der vibroakustischen Geräuschanregung von Verzahnungen.
Diss. RWTH Aachen University, 2014

[COMM13] Commerzbank:
Verteilung der Kostenarten an den Gesamtkosten der Automobilzulieferer in Deutschland im Jahr 2013.
https://de.statista.com/statistik/daten/studie/314397/umfrage/kostenarten-anteil-gesamtkostenkosten-autozulieferer/ [31.03.2020]

[DEUT20] Deutscher Bundestag:
Gesetz zum Schutz vor schädlichen Umwelteinwirkungen durchLuftverunreinigungen, Geräusche, Erschütterungen und ähnlicheVorgänge. Bundes-Immissionsschutzgesetz - BImSchG, 2020

[DIN18] DIN ISO (2018)
DIN ISO 1328-1:2018-03, Zylinderräder_- ISO-Toleranzsystem_- Teil_1: Definitionen und zulässige Werte für Abweichungen an Zahnflanken (ISO_1328-1:2013).

[EURO03] Europäisches Parlament und Rat:Mindestvorschriften zum Schutz von Sicherheit und Gesundheit der Arbeitnehmer vor derGefährdung durch physikalische Einwirkungen (Lärm). RICHTLINIE 2003/10/EG. 17. Einzelrichtlinie im Sinne des Artikels 16 Absatz 1 der Richtlinie 89/391/EWG.

[FING20] Fingerle, A.; Otto, M.; Stahl, K.:
Definition of a coefficient to evaluate a moving contact pattern in planetary gearboxes.
In: Forsch. Ingenieurwes., 84. Jg., 2020, Nr. 3, S. 235–243

[GACK13] Gacka, A.:
Entwicklung einer Methode zur Abbildung der dynamischen Zahneingriffsverhältnisse von Stirn- und Kegelradsätzen.
Diss. RWTH Aachen University, 2013

[GEIS02] Geiser, H.:
Grundlagen zur Beurteilung des Schwingungsverhaltens von Stirnrädern.
Diss. TU München, 2002

[HEID12] Heider, M.:
Schwingungsverhalten von Zahnradgetrieben. Beurteilung und Optimierung des Schwingungsverhaltens von Stirnrad und Planetengetrieben.
Diss. TU München, 2012

[HELL15] Hellmann, M.:
Fertigungsabweichungen in der Auslegung von Zahnflankenmodifikationen für Stirnradverzahnungen.
Diss. RWTH Aachen University, 2015

[HEMM07] Hemmelmann, J.:
Simulation des lastfreien und belasteten Zahneingriffs zur Analyse der Drehübertragung von Zahnradgetrieben.
Diss. RWTH Aachen University, 2007

[HERT82] Hertz, H.:
Über die Berührung fester elastischer Körper.
In: J. reine angew. Math., 1882, Nr. 92, S. 156–171

[HÖHN14] Höhn, B.; Rieg, F.; Brecher, C.:
Dachprojekt Themenkomplex Planetenradverformung.
Antrag zum Forschungsvorhaben FVA T 1299, Forschungsvereinigung Antriebstechnik e.V., Frankfurt a.M., 2014

[INAL09] Inalpolat, M.:
A Theoretical and Experimental Investigation of Modulation Sidebands on Planetary Gear Sets.
Diss. Ohio State University, 2009

[INGE17] Ingeli, J.:
Erweiterung der FE-basierten Zahnkontaktanalyse zur normkonformen Grübchentragfähigkeitsberechnung symmetrischer und asymmetrischer Verzahnungen.
Dissertation IIF - Institut für Industriekommunikation und Fachmedien GmbH, 2017

[ISO16] ISO 6336 Teil 5 (August 2016)
Calculation of load capacity of spur and helical gears - Part 5: Strength and quality of materials.

[ISO19a] ISO 6336 Teil 6 (November 2019)
Calculation of load capacity of spur and helical gears - Part 6: Calculation of service life under variable load.

[ISO19b] ISO 6336 Teil 3 (November 2019)
Calculation of load capacity of spur and helical gears - Part 3: Calculation of tooth bending strength.

[ISO19c] ISO 6336 Teil 1 (November 2019)
Calculation of load capacity of spur and helical gears. Basic principles, introduction and general influence factors.

[ISO19d] ISO 6336 Teil 2 (November 2019)
Calculation of load capacity of spur and helical gears - Part 2: Calculation of surface durability (pitting).

[IWAM13] Iwamura, R.; Rocha de Faria, A.:
Topology Optimization of Multiple Load Case Structures.
Porto Alegre, Brazil, 2013

[JACO19] Jacobs, G.:
Belastungen an Antriebskomponenten von Windenergieanlagen. Abschlussbericht zum FVA Forschungsvorhaben Nr. 730.
Abschlussbericht zum Forschungsvorhaben 730, Heft 1325, Forschungsvereinigung Antriebstechnik e.V., Frankfurt a.M., 2019

[KAHR10] Kahraman, A.; Ligata, H.; Singh, A.:
Influence of Ring Gear Rim Thickness on Planetary Gear Set Behavior.
In: J. Mech. Des., 132. Jg., 2010, Nr. 2

[KARP05] Karpat, F.; Cavdar, K.; Babalik, F.:
Computer aided analysis of involute spur gears with asymmetric teeth.
In: Proceedings of International Conference on Gears. Garching, 14.-16. September 2005. Düsseldorf: VDI Verlag GmbH, 2005, S. 145–163

[KARP14] Karpat, F.; Engin, B.; Dogan, O.; Yuce, C.; Yilmaz, T.:Effect of Rim Thickness on Tooth Root Stress and Mesh Stiffness of Internal Gears.
Proceedings of the ASME 2014, 2014

[KARP15] Karpat, F.; Ekwaro-Osire, S.; Yilmaz, T.; Dogan, O.; Yuce, C.:
Design and Analysis of Internal Gears With Different Rim Thickness and Shapes Volume 9: Mechanics of Solids, Structures and Fluids.
Houston, Texas, USA, 13.11.2015 - 19.11.2015: American Society of Mechanical Engineers, 2015

[KLOC17] Klocke, F.; Brecher, C.:
Zahnrad- und Getriebetechnik. Auslegung - Herstellung - Untersuchung - Simulation.
1. Aufl. München: Hanser, 2017

[KÖHL12] Köhler, M.:
Zählverfahren und Lastannahme in der Betriebsfestigkeit.
Berlin: Springer, 2012

[KÜÇÜ87] Küçükay, F.:
Dynamik der Zahnradgetriebe. Modelle, Verfahren, Verhalten.
Berlin: Springer, 1987

[LAUR03] Laursen, T.:
Computational Contact and Impact Mechanics.
Berlin, Heidelberg: Springer Berlin Heidelberg, 2003

[LIEW21] Liewen, C.:
Experimentelle Belastungsanalyse der Planetenradlagerung in Windenergieanlagen.
Aachen: Mainz, G, 2021

[MATH20] MathWorks:
MATLAB Documentation.
https://de.mathworks.com [05.02.2021]

[MATZ22] Matzke, D.:
MBS based entire system simulation models for WT gearbox design load calculation.
RWTH Aachen University, 2022

[MINE45] MINER, M.:
Cumulative Damage in Fatigue.
In: JOURNAL OF APPLIED MECHANICS-TRANSACTIONS OF THE ASME, 12. Jg., 1945, Nr. 3, S. A159-A164

[MORI14] MORIKAWA, K.; KUMAGAI, K.; NISHIHARA, R.:
A study on the sideband phenomenon of planetary gears.
In: Transactions of the JSME (in Japanese), 2014, Nr. 815

[MÜLL91] Müller, R.:
Schwingungs- und Geräuschanregung bei Stirnradgetrieben.
Diss. TU München, 1991

[MÜLL98] Müller, H.:
Die Umlaufgetriebe. Auslegung und vielseitige Anwendungen.
2. Aufl. Berlin: Springer, 1998

[NEUB16] Neubauer, B.:
Lastverteilung und Anregungsverhalten in Planetengetriebensystemen. Bestimmung des Lastaufteilungsverhaltens, Berechnung und Optimierung der Lastverteilung und des Anregungsverhaltens in den Zahneingriffen von Planetengetrieben in Wechselwirkung mit dem komplexen Getriebeumfeld.
Diss. TU München, 2016

[NEUP83] Neupert, B.:
Berechnung der Zahnkräfte Pressungen und Spannungen von Stirn- und Kegelradgetrieben.
Diss. RWTH Aachen University, 1983

[NIEM03] Niemann, G.; Winter, H.:
Maschinenelemente. Band 2: Getriebe allgemein, Zahnradgetriebe - Grundlagen, Stirnradgetriebe.
Bd. Nr. 2, 2. Aufl. Berlin: Springer, 2003

[NÜTZ15] Nützel, F.:
Entwicklung und Anwendung eines Finite-Elemente-Systems auf Basis von Z88 zur Berechnung von Kontaktaufgaben aus der Antriebstechnik.
Bd. Nr. 32, Aachen: Shaker, 2015

[PAHL07] Pahl, G.; Beitz, W.; Feldhusen, J.; Grote, K.-H.:
Konstruktionslehre. Grundlagen erfolgreicher Produktentwicklung ; Methoden und Anwendung.
7. Aufl. Berlin: Springer, 2007

[PAPI14] Papies, J.:
Methodik zur systematischen Analyse und Optimierung dynamischer Kraft- und Weganregungen in Planetengetrieben.
Diss. Ruhr-Universität Bochum, 2014

[PIEL20] Piel, D.:
Methode zur Beschreibung und Optimierung des Anregungsverhaltens von Planetengetrieben.
Diss. RWTH Aachen University, 2020

[PLÖG19] Plöger, D.:
Modulation der Zahneingriffsschwingungen von Planetengetrieben.
Diss. Technische Universität Darmstadt, 2019

[RÜSC04] Rüschoff, R.:
Analyse der Wechselwirkungen von Mehrfacheingriffen am Beispiel Planetengetriebe.
Diss. Ruhr-Universität Bochum, 2004

[SALJ87] Saljé, H.:
Optimierung des Laufverhaltens Evolventischer Zylinderrad-Leistungsgetriebe. Einfluß der Verzahnungsgeometrie auf Geräuschemission und Tragfähigkeit.
Diss. RWTH Aachen University, 1987

[SATT97] Sattelberger, K.:
Schwingungs- und Geräuschanregung bei ein- und mehrstufigen Stirnradgetrieben.
Diss. TU München, 1997

[SCHÄ08] Schäfer, J.:
Erweiterung des Linienkontaktmodells für die Finite-Elemente-basierte Zahnkontaktanalyse von Stirnradverzahnungen.
Diss. RWTH Aachen University, 2008

[SCHM63] Schmit, L., JR.; Mallet, R.:
Structural Synthesis and Design Parameter Hierarchy.
In: Journal of the Structural Division, 1963. Jg., 1963, Nr. 89, S. 269–300

[SCHU13] Schumacher, A.:
Optimierung mechanischer Strukturen. Grundlagen und industrielle Anwendungen.
Berlin: Springer Vieweg, 2013

[SEEL23] Seeliger, W.:
Klimaschutz durch Leichtbau.
https://www.leichtbau-bw.de/fileadmin/user_upload/PDF/Studien/Whitepaper_Klimaschutz_durch_Leichtbau.pdf
[11.04.2023]

[SFAR11] Sfar, M.:
Bestimmung von Verzahnungskorrekturen und Lagerkräften in Planetengetrieben für Lastkollektive.
Diss. Ruhr-Universität Bochum, 2011

[SING08] Singh, A.; Kahraman, A.; Ligata, H.:
Internal Gear Strains and Load Sharing in Planetary Transmissions:

Model and Experiments.
In: J. Mech. Des., 130. Jg., 2008, Nr. 7

[SLAN15] Slansky, R.:
Experimentelle und theoretische Untersuchungen zur Fußtragfähigkeit der Innenschrägverzahnung.
Diss. TU Dresden, 2015

[STAH17] Stahl, K.; Rieg, F.; Weinberger, U.; Glenk, C.:
RIKORplusZ88. Einbindung elastischer Gehäusestrukturen in die Getriebeauslegung mit RIKOR und Visualisierung des Getriebegesamtsystems in der FVA-Workbench.
Abschlussbericht zum Forschungsvorhaben 711 I, Heft 1250, Forschungsvereinigung Antriebstechnik e.V., Frankfurt a.M., 2017

[STAH18] Stahl, K.:
Auslegung von Verzahnungskorrekturen bei Lastkollektiven.
Abschlussbericht zum Forschungsvorhaben Nr. 722 I, Forschungsvereinigung Antriebstechnik e.V., Frankfurt a.M., 2018

[STAT22] Statistisches Bundesamt:
Kennzahlen der Rechtlichen Einheiten des Verarbeitenden Gewerbes 2020.
https://www.destatis.de/DE/Themen/Branchen-Unternehmen/Industrie-Verarbeitendes-Gewerbe/Tabellen/kennzahlen-verarbeitendes-gewerbe.html

[THEL19] Theling, J.; Löpenhaus, C.; Brecher, C.:
Influence of Planet Carrier Misalignments on the Operational Behavior of Planetary Gearboxes 8th WZL Gear Conference in the USA.
Denver CO, USA, 23. / 24. Juli. Aachen: Apprimus, 2019, S. 14-1 bis 14-22

[TIMO36] Timošenko, S.:
Theory of elastic stability.
New York, NY [u.a.]: McGraw-Hill, 1936

[TRAG22] Tragsdorf, M.:
Zahnfußtragfähigkeit von Planeten- und Zwischenrädern mit elastisch gestaltetem Radkranz.
Dissertation Technische Universität Dresden, 2022

[VDI05] Richtlinie VDI 2737 (Dezember 2005)
Berechnung der Zahnfußtragfähigkeit von Innenverzahnungen mit Zahnkranzeinfluss.

[VRIE01] Vriesen, J.:
Berechnung der Verzahnungskorrekturen von Planetenradgetrieben unter Berücksichtigung der Steg- und Hohlradverformungen.
Diss. Ruhr-Universität Bochum, 2001

[WEBE55] Weber, C.; Banaschek, K.:
Formänderung und Profilrücknahme bei gerad- und schrägverzahnten Rädern.
2. Aufl. Braunschweig: Vieweg, 1955

[WECK03] Weck, M.; Schäfer, J.:
Berechnung von Stirnradpaarungen mit Mehrfacheingriffen mit Hilfe der Finite-Elemente-Methode.
Abschlussbericht zum Forschungsvorhaben FVA 377 I, Heft Heft 723, Forschungsvereinigung Antriebstechnik e.V., Frankfurt a.M., 2003

[WILL41] Willis, R.:
Principles of Mechanism. Designed for the use of students in the universities, and for engineering students generally.
Cambridge: University Press, 1841

[WINK87] Winkelmann, L.:
Lastverteilung in Planetenradgetrieben.
Diss. Ruhr-Universität Bochum, 1987

[WIRT07] Wirtschaftskommission der Vereinten Nationen für Europa (UN/ECE):
Einheitliche Bedingungen für die Genehmigung der Kraftfahrzeuge mit mindestens vier Rädernhinsichtlich ihrer Geräuschemissionen.
Addendum 50: Regelung Nr. 51.
Bd. Nr. 2007, 2007

[WITT94] Wittke, W.:
Beanspruchungsgerechte und geräuschoptimierte Strinradgetriebe Toleranzvorgaben und Flankenkorrekturen.
Diss. RWTH Aachen University, 1994

[XING13] Xing, Y.; Moan, T.:
Multi-body modelling and analysis of a planet carrier in a wind turbine gearbox.
In: Wind Energ., 16. Jg., 2013, Nr. 7, S. 1067–1089

[YI14] Yi, P.; Dong, L.; Shi, T.:
Multi-objective genetic algorithms based structural optimization and

experimental investigation of the planet carrier in wind turbine gearbox.
In: Front. Mech. Eng., 9. Jg., 2014, Nr. 4, S. 354–367

[ZIEG11] Ziegler, A.:
Zur verkürzten Systemlebensdauerprüfung von Zahnradgetrieben.
1. Aufl. Aufl. München: Verl. Dr. Hut, 2011

[ZIEN71] Zienkiewicz, O.:
The finite element method in engineering science.
2., expanded and rev., ed. of The finite element method in structural and continuum mechanics. Aufl. London: McGraw-Hill, 1971

# 13 Anhang

*Appendix*

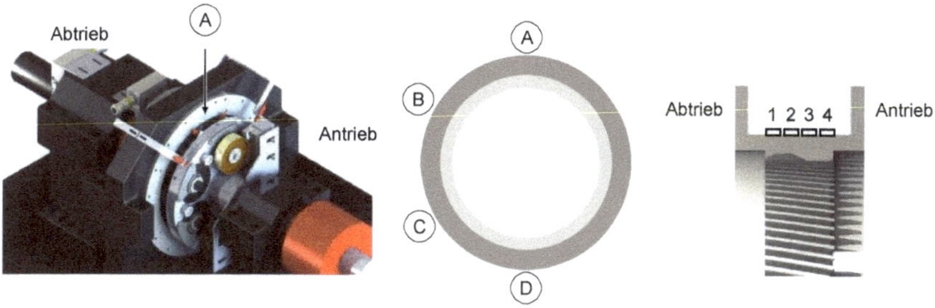


**A 1:** DMS Positionen am Prüfstand

**Planet**

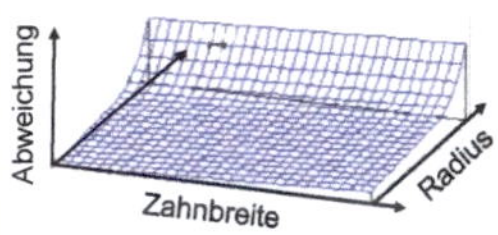


- $f_{H\beta}$ = -16 µm
- $C_\beta$ = 0 µm
- $f_{H\alpha}$ = -21 µm
- $C_\alpha$ = 5 µm
- $C_a$ = 60 µm
- $d_{ca}$ = 662,90 mm

**Sonne**

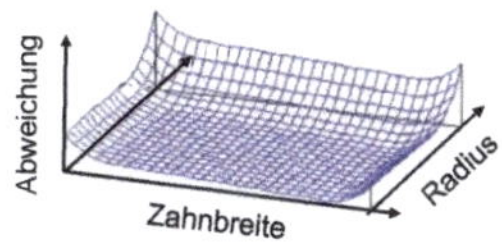


- $f_{H\beta}$ = -16 µm
- $C_{\beta l}$ = 25 µm
- $l_{Cl}$ = 65 mm
- $f_{H\alpha}$ = 7 µm
- $C_a$ = 52 µm
- $d_{ca}$ = 368,52 mm

**Hohlrad**

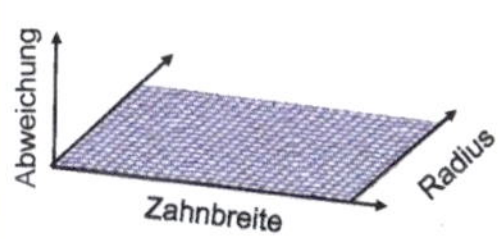


- $f_{H\beta}$ = 0 µm
- $C_\beta$ = 0 µm
- $f_{H\alpha}$ = 0 µm
- $C_\alpha$ = 0 µm
- $C_a$ = 0 µm
- $d_{ca}$ = -

**A 2:** Topographien der FVA Gondel

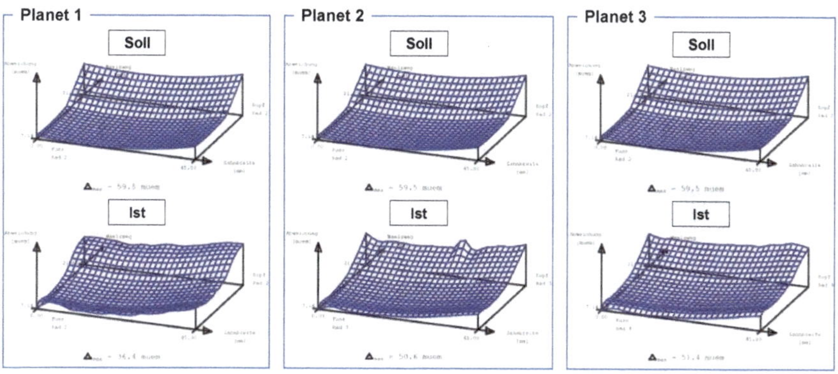


**A 3:** Topographien Planetenräder geradverzahnt Sonnenradeingriff

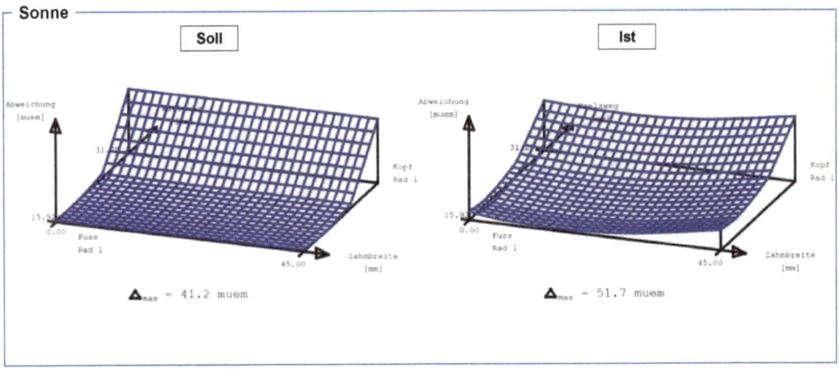


**A 4:** Topographie Sonne geradverzahnt

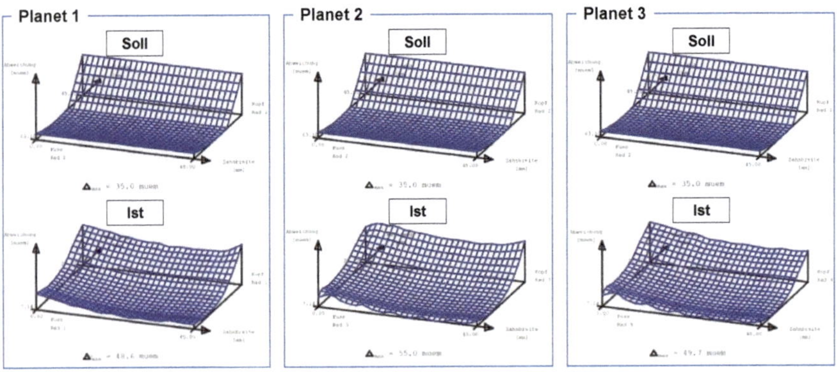


**A 5:** Topographien Planetenräder geradverzahnt Hohlradeingriff

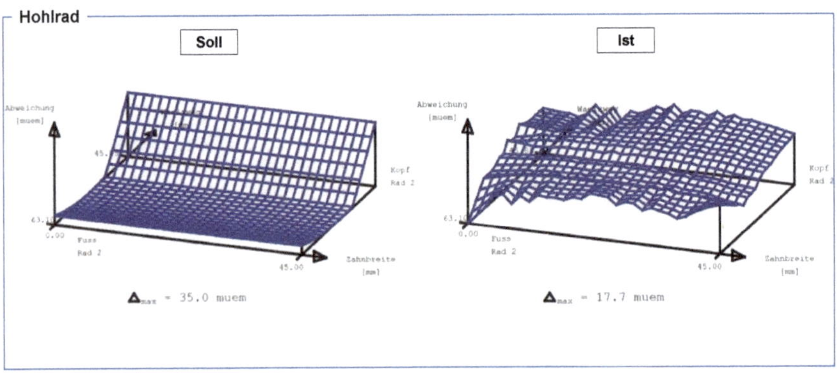


**A 6:** Topographie Hohlrad geradverzahnt

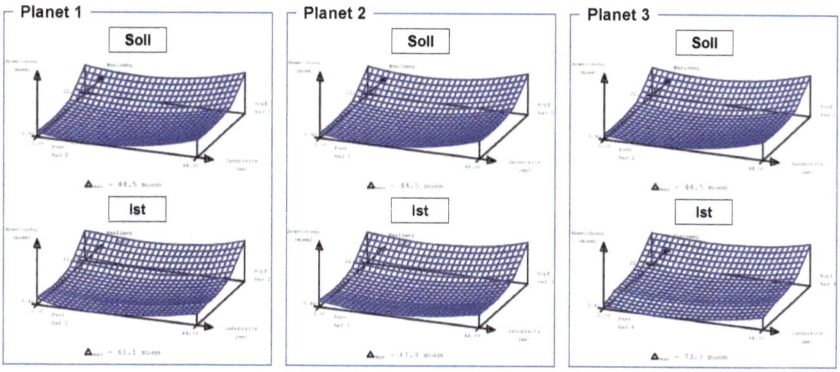


**A 7:** Topographien Planetenräder schrägverzahnt Sonneneingriff

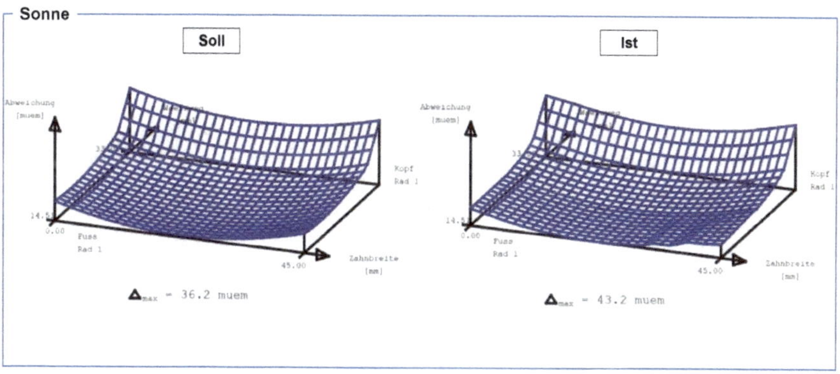


**A 8:** Topographie Sonnenrad schrägverzahnt

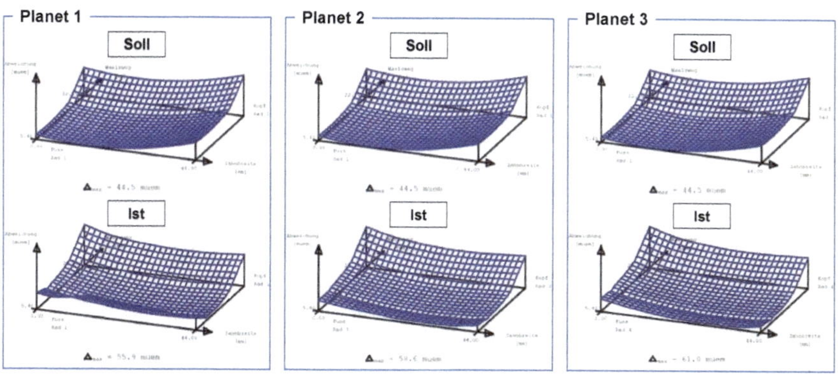


**A 9:** Topographien Planetenräder schrägverzahnt Hohlradeingriff

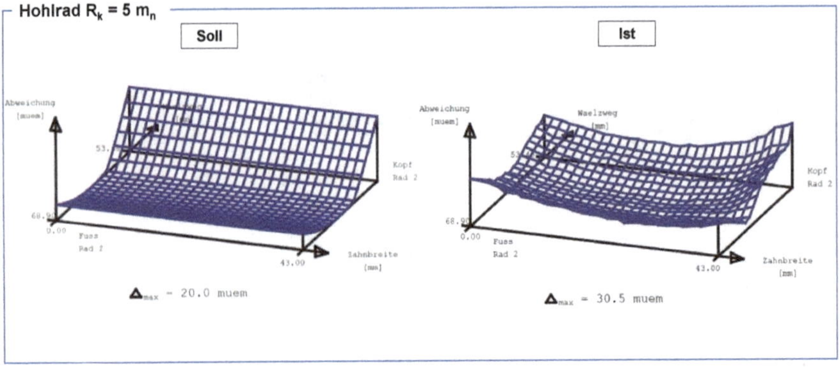


**A 10:** Topographie Hohlrad schrägverzahnt dicker Radkranz

**Informationen**

- Topographie Hohlradflanke
- Geradverzahnung
- Zahn 1 (12 Uhr Position)
- Messung nach Fertigung: ohne Einlauf der Verzahnung
- Messung nach Versuch: Nach Durchlauf des gesamten Prüfplans mit verlagertem Planetenträger

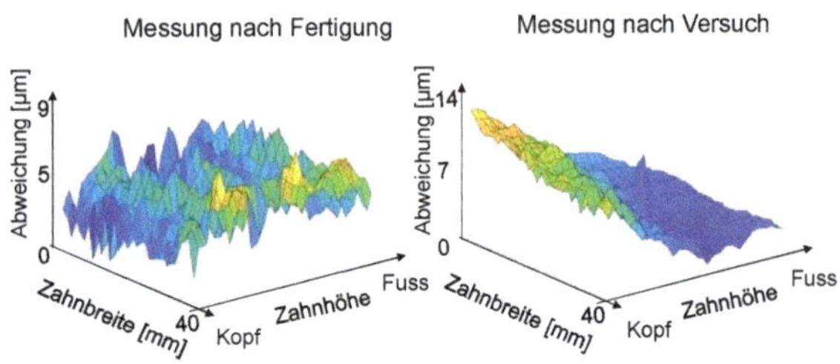


**A 11:** Topographiemessung der geraden Hohlradverzahnung vor und nach den Versuchen

In der Reihe **Ergebnisse aus der Produktionstechnik** zuletzt erschienen:

Theling, Julian:
**Auslegung von Planetengetrieben im elastischen Verzahnungsumfeld unter Berücksichtigung der Wechselwirkungen des Mehrfacheingriffes**
ISBN: 978-3-98555-205-4
Erscheinungsdatum: 26.03.2024

Schukat, Esben:
**Kapazitätsorientierte Auftragsfreigabe in matrixstrukturierten Montagesystemen**
ISBN: 978-3-98555-189-9
Erscheinungsdatum: 20.02.2024

Metzmacher, Amelie Isabel:
**Beschäftigungsfähigkeit im produzierenden Sektor – Entwicklung des Predictive Model of Industrial Employability**
ISBN: 978-3-98555-201-6
Erscheinungsdatum: 13.02.2024

Olivier, Marcel:
**Abtragmechanismen beim drahtfunkenerosiven Bearbeiten elektrisch leitfähiger Keramiken im kohlenwasserstoffbasierten Dielektrikum**
ISBN: 978-3-98555-200-9
Erscheinungsdatum: 30.01.2024

Landwehr, Markus:
**Modellierung und Vorhersage des eigenspannungsbedingten Bauteilverzugs bei der Fräsbearbeitung**
ISBN: 978-3-98555-194-1
Erscheinungsdatum: 09.01.2024

Hohenstein, Steffen:
**Multidirektionaler Aufbau in der additiven Fertigung von Kunststoffen**
ISBN: 978-3-98555-203-0
Erscheinungsdatum: 05.03.2024

Ochel, Janis:
**Datengetriebene Strukturierung von NC-Zerspanprozessen**
ISBN: 978-3-98555-204-7
Erscheinungsdatum: 14.02.2024

Schulz, Malena:
**Digital Twin Methodology for the Automated Fiber Placement with In-situ Consolidation of Thermoplastic Tape**
ISBN: 978-3-98555-195-8
Erscheinungsdatum: 30.01.2024

Schweins, Julian:
**Datengestützte Gestaltung des nachhaltigen Werkzeuglebenszyklus**
ISBN: 978-3-98555-197-2
Erscheinungsdatum: 22.01.2024

Ecker, Christian:
**Flexible Inbetriebnahme roboterbasierter Montagesysteme durch Prozessdemonstration**
ISBN: 978-3-98555-189-7
Erscheinungsdatum: 11.12.2023

Edition Wissenschaft
Apprimus

Goergen, Fabian:
**Analogieversuch zur Erzeugung von Zahnflankenbrüchen an Stirnrädern**
ISBN: 978-3-98555-191-0
Erscheinungsdatum: 11.12.2023

Padberg, Melanie:
**Ansätze der inhärent sicheren Konstruktion modifizierbarer, cyberphysischer Produktionssysteme**
ISBN: 978-3-98555-184-2
Erscheinungsdatum: 07.12.2023

Studerus, Bastian:
**Gestaltung von Kooperationen zwischen Technologiekonzernen und Start-ups**
ISBN: 978-3-98555-186-6
Erscheinungsdatum: 04.12.2023

Wlecke, Shari:
**Industrialisierung hochiterativ entwickelter Produkte**
ISBN: 978-3-98555-171-2
Erscheinungsdatum: 13.11.2023

Riedel, Jörn:
**Scannendes Verfahren zur flexiblen Messung asphärischer Optiken**
ISBN: 978-3-98555-177-4
Erscheinungsdatum: 31.10.2023

Müller, Clemens:
**Elektrische Widerstandserwärmung von Blechwerkstoffen zur Steigerung der Umformbarkeit**
ISBN: 978-3-98555-175-0
Erscheinungsdatum: 16.10.2023

Buckhorst, Armin Friedrich:
**Planung und Steuerung von Abläufen in linienlosen mobilen Montagesystemen**
ISBN: 978-3-98555-174-3
Erscheinungsdatum: 26.09.2023

Scheuer, Thomas:
**Fähigkeitsbündel zur Steigerung der Arbeitsproduktivität für intelligente produzierende Unternehmen**
ISBN: 978-3-98555-173-6
Erscheinungsdatum: 25.09.2023

Schwarberg, Annika:
**Identifizierung von Innovationspotenzialen durch die Analyse von Produktnutzungsinformationen**
ISBN: 978-3-98555-169-9
Erscheinungsdatum: 17.08.2023

Heutmann, Timo:
**Proactive Production Control for a Synchronized Tool Production**
ISBN: 978-3-98555-164-4
Erscheinungsdatum: 03.08.2023

Müller, Ulrich:
**Material Removal and Grinding Wheel Wear Mechanisms during Grinding of Polycrystalline Cubic Boron Nitride**
ISBN: 978-3-98555-163-7
Erscheinungsdatum: 01.08.2023

Schroers, Marius:
**Gehörbezogene Auslegung zweistufiger Getriebe unter Berücksichtigung dynamischer Anregungseffekte**
ISBN: 978-3-98555-165-1
Erscheinungsdatum: 01.08.2023

Edition Wissenschaft
Apprimus

FSC
www.fsc.org
MIX
Papier | Fördert gute Waldnutzung
FSC® C083411

Zeitfracht Medien GmbH
Ferdinand-Jühlke-Straße 7
99095 Erfurt, Deutschland
produktsicherheit@kolibri360.de